采油生产现场
风险辨识与防控措施

《采油生产现场风险辨识与防控措施》编写组　编

石 油 工 业 出 版 社

内 容 提 要

本书内容包括采油生产现场危害因素辨识标准及风险防控措施制订、采油井场风险辨识与防控措施、注水井场风险辨识与防控措施、增压站/接转站风险辨识与防控措施、联合站风险辨识与防控措施，紧贴生产现场实际，围绕人、物、环、管进行风险辨识，针对风险制订相应的防控措施，对现场安全生产具有指导意义。本书64项操作项目都配有相关风险辨识视频课件，可扫描二维码观看，实用性和针对性强。

本书可作为采油工的培训教材，其他相关人员也可学习。

图书在版编目（CIP）数据

采油生产现场风险辨识与防控措施/《采油生产现场风险辨识与防控措施》编写组编．—北京：石油工业出版社，2022.9

ISBN 978－7－5183－5520－4

Ⅰ．采… Ⅱ．①采… Ⅲ．①石油开采－安全生产－研究 Ⅳ．①TE35

中国版本图书馆CIP数据核字（2022）第141371号

出版发行：石油工业出版社

（北京朝阳区安华里2区1号楼 100011）

网 址：www.petropub.com

编辑部：（010）64269289

图书营销中心：（010）64523633

经 销：全国新华书店

印 刷：北京晨旭印刷厂

2022年9月第1版 2022年9月第1次印刷

710×1000毫米 开本：1/16 印张：13.5

字数：215千字

定价：54.00元

《采油生产现场风险辨识与防控措施》编写组

主　　编：文小平

副 主 编：乔　峰　颜廷涧　韩少波　李永宏

编写人员：李眉博　李孟珺　刘　翠　姚彦荣

付彦丽　于建平　杨　娥　李全军

徐翠梅

审核人员：刘国蕊　徐亚妮　郭自杰　袁强强

郑小晶

前言

随着现代社会的发展，国家对安全生产与环境保护越来越重视，中国石油天然气集团股份有限公司（以下简称集团公司）也颁布了相关的安全生产管理及环境保护规定。当前我国正处于工业化持续推进过程中，企业生产经营规模不断扩大，各类事故隐患和安全风险交织叠加。目前，油气生产现场违章操作是导致事故频发的主要原因，为了降低风险隐患，进一步提高员工的风险辨识及防控能力，减少事故的发生，保障企业的安全生产，特编写《采油生产现场风险辨识与防控措施》。

本书共分为五部分：采油生产现场危害因素辨识标准及风险防控措施制订、采油井场风险辨识与防控措施、注水井场风险辨识与防控措施、增压站/接转站风险辨识与防控措施、联合站风险辨识与防控措施。详细地介绍了采油生产操作过程中常见安全风险相关知识，涵盖了采油生产现场 77 项日常操作项目；涉及工艺、技术、数字化等方面的操作技能，紧贴生产现场实际，围绕人、物、环、管进行风险辨识，针对风险制订相应的防控措施，对现场安全生产具有指导意义。64 项日常操作项目配有视频课件，可扫描二维码观看，实用性和针对性强。

本书第一章和第二章由长庆油田分公司第一采油厂李永宏、于建平、姚彦荣编写；第三章由长庆油田分公司第二采油厂李眉博、李全军、刘翠编写；第四章由长庆油田分公司第三采油厂李孟珺、徐翠梅编写；第五章由长庆油田分公司第一采油厂付彦丽、杨娥编写。

由于编者水平有限，本书难免存在疏漏和不足之处，敬请广大读者批评指正。

本书编写组

2022 年 6 月

目录

第一章　采油生产现场危害因素辨识标准及风险防控措施制订

第一节　采油生产现场危害因素辨识标准

一、概述

生产过程危害因素辨识及风险评价是通过系统的方法来识别、评估和控制作业过程中的危害，以预防作业过程中事故的发生。

二、作业过程危害因素辨识范围

分析采油生产过程中的所有人员参与的作业活动中的危害。生产过程危害因素辨识应充分考虑以下方面：

（1）采油生产过程中常规、非常规的作业。

（2）所有进入采油作业现场人员的作业。

（3）所有采油生产场所内的设备设施。

三、作业过程危害因素辨识、风险评价及控制的基本步骤

（1）识别确定生产作业过程中涉及的作业及作业场所。

（2）对各项作业及作业场所中的危害因素及风险进行辨识。

（3）对与各项危害因素有关的风险进行评价。

（4）判定危害因素及风险级别。

（5）制订风险控制措施。

（6）形成评价报告。

（7）危害因素辨识及风险评价的更新。

四、作业过程危害因素辨识标准

（一）危害因素识别依据

（1）根据 GB/T 13861—2009《生产过程危险和有害因素分类代码》的规定，按导致事故和职业危害的直接原因进行分类，将生产过程中的危险和有害因素分为“人的因素”“物的因素”“环境因素”和“管理因素”。

（2）参照《职业病范围和职业病患者处理办法的规定》，职业危害因素分为生产性粉尘、毒物、噪声与振动、高温、低温、辐射（电离辐射和非电离辐射）、其他 7 种。

（二）危害因素特性判定依据

判定危害因素特性，即判定识别出的危害因素如何造成事故（危害事件）以及造成什么样的事故（危害事件），也就是判定可能导致事故的直接因素及事故种类。

1. 职业病种类

参照《职业病分类和目录》（国卫疾控发〔2013〕48 号），将职业病分为职业性尘肺病及其他呼吸系统疾病、职业性皮肤病、职业性眼病、职业性耳鼻喉口腔疾病、职业性化学中毒、物理因素所致职业病、职业性放射性疾病、职业性传染病、职业性肿瘤、其他职业病 10 类 132 种。

2. 伤亡事故种类

参照 GB 6441—1986《企业职工伤亡事故分类》，综合考虑起因物、引起

事故的先发的诱导性原因、致害物、伤害方式等将事故分为物体打击、车辆伤害、机械伤害、起重伤害、触电、淹溺、灼烫、火灾、高处坠落、坍塌、冒顶片帮、透水、放炮、火药爆炸、瓦斯爆炸、锅炉爆炸、容器爆炸、其他爆炸、中毒和窒息、其他伤害共20类。其中与采油生产现场紧密相关的有：

(1) 物体打击。物体具有的势能造成人员受伤。

(2) 车辆伤害。车辆行驶过程中发生的对人员的伤害。

(3) 机械伤害。操作过程中转动部位对操作人员造成的伤害。

(4) 起重伤害。吊装作业过程中物料脱落或运行过程中对人员造成的伤害。

(5) 中毒和窒息。天然气泄漏或受限空间内造成人员的中毒或窒息。

(6) 其他如触电、灼烫、火灾、高处坠落、锅炉爆炸、容器爆炸、其他爆炸等。

(三) 危害因素辨识方法

生产场所常用的危害因素辨识方法主要是工作前安全分析。

1. 工作前安全分析的定义

工作前安全分析（JSA）是事先或定期对某项工作任务进行风险评价，并根据评价结果制订和实施相应的控制措施，达到最大限度消除或控制风险的方法。

2. 工作前安全分析的适用范围

工作前安全分析主要应用于下列作业活动：

(1) 新的作业（以前没有实施过的作业）。

(2) 非常规性（临时）的作业。

(3) 承包商作业。

(4) 改变现有的作业。

(5) 评估现有的作业。

3. 评估方法

成立评估小组，对采油现场作业活动进行梳理，对于以前做过分析或已有规定的作业，审查以前分析或程序是否正确有效，控制措施是否得当；对于以前没有做过的风险作业，由熟悉JSA方法、过程控制的管理人员、技术员、安全人员、操作人员组成JSA小组分解并审核工作任务，对整个操作过程存在的风险和危害因素进行辨识，使用作业条件危险性评价法（LEC）对可能存在的风险进行评估，制订控制措施，将风险降低至可接受范围。

（四）风险评价方法

1. 作业条件危险性评价法

适用范围：应用一般作业活动危险性分析（JHA）方法辨识的危害因素，其风险评价采用作业条件危险性评价法。

评价过程描述：某项作业的某一项风险可表示为：

$$作业风险=L\times E\times C$$

$$L\times E\times C=D$$

式中 L——发生事故可能性大小；

E——人体暴露于危险环境的频繁程度；

C——一旦发生事故后可能产生的后果；

D——风险等级。

1）事故发生的可能性（L）

发生危害事件的可能性可用发生事故的概率来表示，即绝不可能发生的事件为0，而必定要发生的事件为1。然而，在考虑安全系统时，绝不发生事故是不可能的。所以确定L值时，人为将“发生事故可能性极小”的事件分值定为0.1，而必然要发生的事件的分值定为10，这两种情况之间的情况指定中间值（表1-1）。

表1-1 事故发生危险的可能性分值表

发生危险的可能性	分值
完全被预料到	10
相当可能	6
有可能	3
可能性小，完全意外	1
很不可能，可以设想	0.5
极不可能	0.2
实际不可能	0.1

2）人出现在危险环境中的频繁程度（E）

人出现在危险环境中的时间越多，则风险可能越大。规定连续出现在危险环境的情况分值为 10，而每年仅出现一次分值为 1，不可能出现在危险环境中的情况分值为 0.5（表 1–2）。

表 1–2　人处于危险环境中频繁程度分值表

处于危险环境中的频繁程度	分值
连续暴露于危险作业环境	10
每天工作时间内	6
每周一次，或偶然	3
每月一次	2
每年一次	1
非常罕见	0.5

3）发生事故产生的后果（C）

事故造成人身伤害的范围很大，对于伤亡事故来说，可以是极小的轻伤直到很多人死亡的结果。由于范围很广，所以规定分值范围为 1～100。把需要救护的轻微伤害规定分值为 1，把造成很多人死亡的情况分值定为 100，其他情况的分值均在 1～100 之间（表 1–3）。

表 1–3　发生事故产生后果分值表

发生事故产生的后果	分值
大灾难，许多人死亡，或造成重大财产损失	100
灾难，数人死亡，或造成很大财产损失	40
非常严重，一人死亡，或造成一定的财产损失	15
严重，重伤，或较小的财产损失	7
重大，致残，或很小的财产损失	5
需要救护的轻微伤害，或较小财产损失	3
需要救护的轻微伤害	1

4）风险等级

三种情况各选一值相乘即 $L \times E \times C$ 就得出某项风险的等级。根据经验，在 20 以下被认为是低风险，可忽略；分值为 70～159，有一定风险，要引起重视；分值为 160～320，高风险，必须采取措施降低风险；320 分以上，非常高风险，需立即采取措施降低风险（表 1–4）。

表 1-4　风险等级对应表

风险值（D）	危险程度	风险等级	是否需进一步分析
> 320	极其危险，不能继续作业	一级风险	需进一步分析
160~320	高度危险，需立即整改		
70~159	显著危险，需要整改	二级风险	可进一步分析
20~69	一般危险，需要注意	三级风险	不需进一步分析
< 20	稍有危险，可以接受		

一般作业风险评价示例见表 1-5。

表 1-5　一般作业风险评价表

活动过程	危害因素	危害事件	触发原因	影响及评价					是否作故障树分析	目前已有风险控制措施	是否为不可承受风险
				L	E	C	D	等级			
取样	易燃易爆、有毒物质、静电、低温	火灾爆炸	（1）油品流速大、静电起火；（2）使用器具不当；（3）人体放电；（4）取样胶管泄漏	0.5	6	40	120	较大	是	（1）化验取样规定；（2）劳保器具；（3）防毒面具	是
		中毒	（1）未佩戴防护用品；（2）在下风口	0.2	6	3	3.6	轻微	否		否
		污染	（1）流程不正确；（2）取样管破裂；（3）注意力不集中	0.5	6	3	9	轻微	否		否

2. 矩阵法（RAM）

在进行风险评价时，将潜在危害事件后果的严重程度相对地定性分为若干级，通常为五级；将潜在危害事件发生的可能性相对地定性分为若干级。然后以严重性为表列，以可能性为表行，制成表，在行列的交点上给出定性的加权指数。所有的加权指数构成一个矩阵，而每一个指数代表了一个风险等级。该方法较适用于施工作业的风险评价。

（1）矩阵法分析步骤如图 1-1 所示。

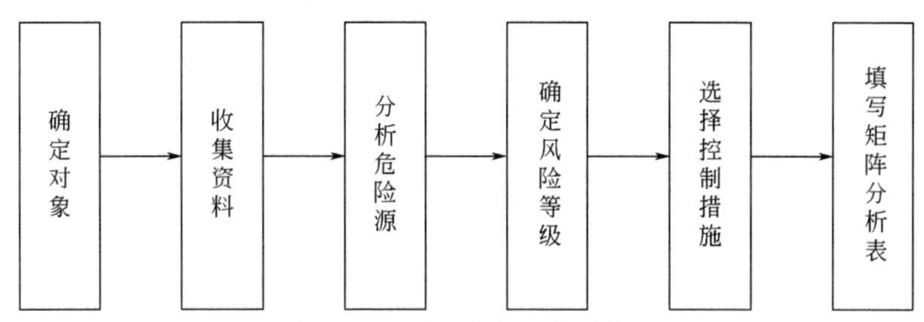

图 1-1　矩阵法分析步骤示意图

（2）风险评价矩阵图如图 1-2 所示。

严重性	后果				可能性				
	人员 P	财产 A	环境 E	声誉 R	行业内未发生过	行业内发生过	本企业内发生过	本企业发生过多次	企业每年发生多次
0	没有伤害	没有损失	没有影响	没有影响	绿色	绿色	绿色	绿色	绿色
1	轻微伤害	轻微损失	轻微影响	轻度影响	绿色	绿色	绿色	绿色	黄色
2	小伤害	小损失	小影响	有限影响	绿色	绿色	黄色	黄色	黄色
3	重大伤害	局部损失	局部影响	很大影响	绿色	黄色	黄色	红色	红色
4	单独伤害	主要损失	主要影响	国内影响	黄色	黄色	红色	红色	红色
5	多种灾害	广泛损失	广泛影响	国际影响	黄色	红色	红色	红色	红色

图 1-2　风险评价矩阵示意图

绿色代表可正常操作但仍需继续改进的区域；黄色代表需要考虑消减的区域；
红色代表高风险区域，不得进行作业或者活动

① 风险=事故发生概率×事故后果严重程度。

② 风险矩阵中风险等级划分标准见表 1-6，事故发生概率等级见表 1-7，事故后果严重程度等级见表 1-8。

表 1-6　风险等级划分标准

风险等级	分值	描述	需要的行动	改进建议
Ⅳ级风险	16<Ⅳ级≤25	严重风险（绝对不能容忍）	必须通过工程和/或管理、技术上的专门措施，限期内（不超过 6 个月）把风险降低到级别Ⅱ或以下	需要并制订专门的管理方案予以消减
Ⅲ级风险	9<Ⅲ级≤16	高度风险（难以容忍）	应当通过工程和/或管理、技术上的控制措施，在一个具体的时间段内（12 个月），把风险降低到级别Ⅱ或以下	需要并制订专门的管理方案予以消减
Ⅱ级风险	4<Ⅱ级≤9	中度风险（在控制措施落实的条件下可以容忍）	具体依据成本情况采取措施。需要确认程序和控制措施已经落实，强调对它们的维护工作	个案评估。评估现有控制措施是否均有效
Ⅰ级风险	1≤Ⅰ级≤4	可以接受	不需要采取进一步措施降低风险	不需要。可适当考虑提高安全水平的机会（在工艺危害分析范围之外）

表 1-7　事故发生概率

概率等级	硬件控制措施	软件控制措施	概率说明/年
1	（1）两道或两道以上的被动防护系统，互相独立，可靠性较高； （2）有完善的书面检测程序，进行全面的功能检查，效果好、故障少； （3）熟悉掌握工艺，过程始终处于受控状态； （4）稳定的工艺，了解和掌握潜在的危险源，建立完善的工艺和安全操作规程	（1）清晰、明确的操作指导，制定了要遵循的纪律，错误被指出并立刻得到更正，定期进行培训，内容包括正常、特殊操作和应急操作程序，包括了所有的意外情况。 （2）每个班组上都有多个经验丰富的操作工。理想的压力水平。所有员工都符合资格要求，员工爱岗敬业，清楚了解并重视危害因素	现实中预期不会发生（在国内行业内没有先例）。 $<10^{-4}$
2	（1）两道或两道以上，其中至少有一道是被动和可靠的； （2）定期检测，功能检查可能不完全，偶尔出现问题； （3）过程异常不常出现，大部分异常的原因被弄清楚，处理措施有效； （4）合理变更，可能是新技术带有一些不确定性，高质量的工艺危害分析	（1）关键的操作指导正确、清晰，其他的则有些非致命的错误或缺点，定期开展检查和评审，员工熟悉程序。 （2）有一些无经验人员，但不会全在一个班组。偶尔的短暂的疲劳，有一些厌倦感。员工知道自己有资格做什么和自己能力不足的地方，对危害因素有足够认识	预期不会发生，但在特殊情况下有可能发生（国内同行业有过先例）。 $10^{-3}\sim10^{-4}$

续表

概率等级	硬件控制措施	软件控制措施	概率说明/年
3	(1)一个或两个复杂的、主动的系统，有一定的可靠性，可能有共因失效的弱点； (2)不经常检测，历史上经常出问题，检测未被有效执行； (3)过程持续出现小的异常，对其原因没有全搞清楚或进行处理。较严重的过程（工艺、设施、操作过程）异常被标记出来并最终得到解决； (4)频繁地变更或应用新技术，工艺危害分析不深入，质量一般，运行极限不确定	(1)存在操作指导，没有及时更新或进行评审，应急操作程序培训质量差。 (2)可能一个班组半数以上都是无经验人员，但不常发生。有时出现短时期的班组群体疲劳，较强的厌倦感。员工不会主动思考，员工有时可能自以为是，不是每个员工都了解危害因素	在某个特定装置的生命周期里不太可能发生，但有多个类似装置时，可能在其中的一个装置发生（集团公司内有过先例）。 $10^{-2} \sim 10^{-3}$
4	(1)仅有一个简单主动的系统，可靠性差； (2)检测工作不明确，没检查过或没有受到正确对待； (3)过程经常出现异常，很多从未得到解释； (4)频繁地变更及应用新技术。进行的工艺危害分析不完全，质量较差，边运行边摸索	(1)对操作指导无认知，培训仅为口头传授，不正规的操作规程，过多的口头指示，没有固定成形的操作，无应急操作程序培训。 (2)员工周转较快，个别班组一半以上为无经验的员工。过度加班，疲劳情况普遍，工作计划常常被打乱，士气低迷。工作由技术有缺陷的员工完成，岗位职责不清，员工对危害因素有一些了解	在装置的生命周期内可能至少发生一次（预期中会发生）。 $10^{-1} \sim 10^{-2}$
5	(1)无相关检测工作； (2)过程经常出现异常，对产生的异常不采取任何措施； (3)对于频繁地变更或应用新技术，不进行工艺危害分析	(1)对操作指导无认知，无相关的操作规程，未经批准进行操作。 (2)人员周转快，半数以上为无经验的人员。无工作计划，工作由非专业人员完成。员工普遍对危害因素没有认识	在装置生命周期内经常发生。 $>10^{-1}$

表1-8　事故后果严重程度

严重程度等级	员工伤害	财产损失	环境影响	声誉
1	造成3人以下轻伤	一次造成直接经济损失人民币10万元以下、1000元以上	事故影响仅限于生产区域内，没有对周边环境造成影响	负面信息在集团公司所属企业内部传播，且有蔓延之势，具有在集团公司范围内部传播的可能性

续表

严重程度等级	员工伤害	财产损失	环境影响	声誉
2	造成3人以下重伤，或者3人以上10人以下轻伤	一次造成直接经济损失人民币10万元以上、100万元以下	(1) 造成或可能造成大气环境污染，需疏散转移100人以下； (2) 造成或可能造成跨乡镇级行政区域纠纷； (3) 非环境敏感区油品泄漏量5t以下	负面信息尚未在媒体传播，但已在集团公司范围内部传播，且有蔓延之势，具有媒体传播的可能性
3	一次死亡3人以下，或者3人以上10人以下重伤，或者10人以上轻伤	一次造成直接经济损失人民币100万元以上、1000万元以下	(1) 造成或可能造成大气环境污染，需疏散转移100人以上500人以下； (2) 造成或可能造成跨县（市）级行政区域纠纷； (3) Ⅳ类、Ⅴ类放射源丢失、被盗、失控； (4) 环境敏感区内油品泄漏量1t以下，或非环境敏感区油品泄漏量5t以上10t以下	(1) 引起地（市）级领导关注，或地（市）级政府部门领导做出批示； (2) 引起地（市）级主流媒体负面影响报道或评论，或通过网络媒介在可控范围内传播，造成或可能造成一般社会影响； (3) 媒体就某一敏感信息来访并拟报道； (4) 引起当地公众关注
4	一次死亡3~9人，或者10~49人重伤	一次造成直接经济损失人民币1000万元以上、5000万元以下	(1) 造成或可能造成河流、沟渠、水塘、分散式取水口等水体大面积污染； (2) 造成乡镇以上集中式饮用水水源取水中断； (3) 造成基本农田、防护林地、特种用途林地或其他土地严重破坏； (4) 造成或可能造成大气环境污染，需疏散转移500人以上1000人以下； (5) 造成或可能造成跨地（市）级行政区域纠纷； (6) Ⅲ类放射源丢失、被盗或失控； (7) 环境敏感区内油品泄漏量1t以上10t以下，或非环境敏感区内油品泄漏量10t以上100t以下	(1) 引起省部级或集团公司领导关注，或省级政府部门领导做出批示； (2) 引起省级主流媒体负面影响报道或评论，或引起较活跃网络媒介负面影响报道或评论，且有蔓延之势，造成或可能造成较大社会影响； (3) 媒体就某一敏感信息来访并拟重点报道； (4) 引起区域公众关注

续表

严重程度等级	员工伤害	财产损失	环境影响	声誉
5	一次死亡10人以上，或者50人以上重伤	一次造成直接经济损失人民币5000万元以上	（1）造成或可能造成饮用水源、重要河流、湖泊、水库及沿海水域大面积污染； （2）事件发生在环境敏感区，对周边自然环境、区域生态功能或濒危物种生存环境造成或可能造成重大影响； （3）造成县级以上城区集中式饮用水水源取水中断； （4）造成基本农田、防护林地、特种用途林地或其他土地基本功能丧失或遭受永久性破坏； （5）造成或可能造成区域大气环境严重污染，需疏散转移1000人以上； （6）造成或可能造成跨省级行政区域纠纷； （7）Ⅰ类、Ⅱ类放射源丢失、被盗或失控； （8）环境敏感区内油品泄漏量10t以上，或非环境敏感区内油品泄漏量100t以上	（1）引起国家领导人关注，或国务院、相关部委领导做出批示； （2）引起国内主流媒体或境外重要媒体负面影响报道或评论，极短时间内在国内或境外互联网大面积爆发，引起全网广泛传播并迅速蔓延，引起广泛关注和大量失控转载； （3）媒体来访并准备组织策划专题或系列跟踪报道； （4）引起国际或全国范围公众关注

注：（1）表中“员工伤害”和“财产损失”按照《中国石油天然气集团公司生产安全事故管理办法》（中油安字〔2007〕571号）中事故分级确定，“环境影响”和“声誉”参照《中国石油天然气集团公司突发事件分类分级目录》（厅发〔2013〕30号）中突发事件分级确定。

（2）企业可以结合生产特点和风险性质等，确定事故后果严重程度等级。

（3）“以上”包括本数，所称的“以下”不包括本数。

五、生产过程危害因素辨识注意事项

（1）生产作业还应包括本单位作业的三种时态、三种状态下的各种类型作业。三种时态是指过去、现在、将来，在对现有危害因素进行充分考虑时，要分析以往遗留的危险以及计划的活动中的危害因素；三种状态是指正常、异常和紧急状态，本单位的正常生产情况属正常状态，设备开停机及检维修等情况下，危害因素与正常状态有较大不同，属异常状态，紧急状态则是指发生火灾、爆炸、洪水、地震等情况。

（2）具有接触有毒有害物质的作业活动。辨识危害因素时不能只考虑引起人员伤亡和财产损失的危害因素，而忽略了引起职业病的危害因素，如毒物、粉尘、噪声、振动、高温、低温和电离辐射作业等，对人的健康和安全影响很大，辨识过程中要高度重视，不得遗漏。

（3）在对常规作业和非常规作业辨识时，应注意不能遗漏的非常规作业，因为许多事故都是在非常规情况下发生的，如长期运行设备的启停、设备故障、保护装置失灵、设备维修、调试、操作者未遵守操作规程、操作者精神状态不佳或过度疲劳等都会导致事故甚至重大事故的发生；对人员活动的辨识不能忽略外来人员的作业；对工作场所设备设施的辨识，同样应包括进入采油生产现场的外来车辆及各种设施设备等。

（4）生产作业按以下四个方面分类：

① 正常生产过程。

② 启停机过程。

③ 检维修过程。

④ 紧急情况。

（5）不完好的设备设施应重点识别。

（6）在填写《危害因素台账》中“设备、设施、场所、作业活动名称”时应包括班站《作业活动清单》中识别的所有作业活动，并且名称要一致。

第二节 风险控制措施制订

一、制订职业健康、安全、环境保护管理方案

根据风险评价的结果，确定哪些风险需要通过制定目标、职业健康、安全、环境保护管理方案，除风险、降风险、防风险。一般情况下，管理方案形式分为隐患治理方案、技术改造方案、关键作业活动的管理控制方案。

二、开展运行控制

对于属于经常性、周期性的业务活动，尤其是一些容易引发事故的活动（包括相关方），应采用“运行控制”的方式降风险、防风险，即制定程序文件和作业指导书，并按程序文件和作业指导书的规定严格进行日常控

制管理。

三、落实应急准备与响应

对于识别的潜在事件和紧急情况，应制定应急准备和响应控制程序，按程序进行管理。潜在的事件和紧急情况有火灾、爆炸、人员中毒、危险化学品泄漏、停水电汽风、地震、洪水等。

四、实施监视测量

通过监控机制（绩效测量与监视、内审和管理评审），对风险控制措施的运行与活动进行检查监控，包括管理方案的适宜性，文件、制度和规程的充分性，采取的风险控制计划是否保证活动已处于有效控制之下，发现问题并予以纠正，以达到持续改进的目的。

第二章　采油井场风险辨识与防控措施

第一节　抽油机井井口油样采集操作

一、概述

抽油机井井口油样采集操作是通过关闭生产阀门、回压阀门，打开放空（取样）阀门，将油样取到样桶中的操作。抽油机井井口取油样，是油井日常管理中最基本的操作技能，通过对所取油样的化验分析，获得油井产出液的物性参数，为油井生产动态分析，改进油井管理措施提供依据。该项操作在采油生产作业中的频次较高，抽油机井井口油样采集操作过程中，存在的主要风险有油气中毒、环境污染。

二、操作步骤

（一）准备

（1）300mm 活动扳手 1 把、放空桶 1 只、1000mL 样桶 1 只、取样标签若干、棉纱若干、记录笔 1 支。

（2）穿戴好劳保用品。

（二）检查

（1）确认采油树各部件连接处及阀门无外漏。

（2）检查流程，确认生产阀门、回压阀门、放空（取样）阀门开关正确。

（3）检查确认样桶干燥清洁，确认油井生产正常。

（三）取样

（1）根据油井产量情况，确定关回压阀门的程度（液量小于 $2m^3/d$，关闭回压阀门）。

（2）在取样阀上风口慢开取样阀门，放净井口死油。

（3）分三次取油样（每次间隔 5min）。

（4）关取样阀门，开回压阀门。

（四）清理清洁

（1）盖好桶盖，清洁取样桶外壁。

（2）填写并贴上取样标签。

（3）将放空桶污油倾倒至指定地点。

（4）清理现场，收拾工具。

（5）填写取样记录。

抽油机井井口
油样采集操作

三、风险与防控措施

风险 1：打开防盗箱未通风直接取样，易导致油气中毒。

控制措施：打开防盗箱通风不少于 5min，检测有毒有害气体浓度未超标。

风险 2：装有防盗箱的抽油机井井口，取样时未使用引流管，易导致油气中毒。

控制措施：装有防盗箱的抽油机井井口，取样时必须使用引流管。

风险 3：取样时人员站在下风处，易导致油气中毒。

控制措施：取样时人员必须站在上风处。

风险 4：取油样时，取样阀门打开过快，发生原油外溢，易导致环境污染。

控制措施：取油样时，应缓慢打开取样阀门。

风险 5：污油随意排放，易导致环境污染。

控制措施：将放空桶污油倾倒至指定地点。

第二节　抽油机井井口憋压操作

一、概述

井口憋压是抽油机井日常管理重要措施之一，是保证油井正常生产的最基本操作，通过对油井憋压数据的变化情况，结合液面、示功图，对油井出液情况及泵工作情况进行分析、判断，为油井稳产提供可靠的依据。抽油机井井口憋压操作过程中，存在以下主要风险：油气中毒、环境污染、火灾爆炸、人员触电、电弧灼伤、物体打击。

二、操作步骤

（一）准备

（1）250mm 活动扳手 1 把、200mm 活动扳手 1 把、绝缘手套 1 副、试电笔 1 支、6MPa 合格压力表 1 块、压力表垫若干、擦布 1 块、记录笔 1 支、记录本 1 本。

（2）穿戴好劳保用品。

（二）检查

（1）确认采油树各部件连接处及阀门无外漏。

（2）检查流程，确认阀门开关正确。

（三）憋压

（1）记录该井井号及井口油压值。

（2）关闭压力表阀门，卸下原压力表，更换合适量程的压力表，打开压力表阀门，观察压力值。

（3）关回压阀门，憋压，记录 3 个以上压力值与对应时间点。

（4）当压力上升到 2~3MPa 时将抽油机停在上死点。

（5）稳压 5min，观察压力随时间变化值。

（6）开回压阀门泄压。

（7）启动抽油机，用相同方法将抽油机停在下死点憋压，稳压 5min 观察压力随时间变化值，开回压阀门泄压。

（8）启动抽油机。

（9）换回原生产压力表。

（10）绘制憋压曲线。

（四）结束操作

（1）收拾工具，清理现场。

（2）填写工作记录。

（五）结果分析

根据憋压数据判断泵的工作情况：

（1）憋压曲线上升或上升缓慢，说明泵工作正常，泵及油管没有漏失。

（2）憋压曲线呈波浪状或曲线呈下降趋势，说明油管漏失或泵阀漏失。

（3）根据分析结果提出措施方案。

三、风险与防控措施

抽油机井井口憋压操作

风险 1：憋压前未检查确认采油树有无渗漏，易导致油气泄漏。

控制措施：憋压前，应检查确认采油树各连接部位是否渗漏。

风险 2：停抽油机操作时，接触配电柜前未验电，未戴绝缘手套，易导致人员触电。

控制措施：停抽油机前，必须使用验电笔对配电柜进行检测，并佩戴绝缘手套进行操作。

风险 3：断电时未侧身，易导致电弧灼伤。

控制措施：断电时，严禁身体的任何部位正对配电柜。

风险 4：开关阀门时正对阀门，阀门密封填料压帽弹出，易导致物体打击或油气泄漏。

控制措施：开关阀门时必须侧身，缓慢操作。

风险5：憋压时压力超过采油树的额定压力，油气泄漏，易导致人员中毒、环境污染，遇明火发生火灾爆炸。

控制措施：憋压时最高压力不得超过3.0MPa。

风险6：启抽油机操作时，接触配电柜前未验电，未戴绝缘手套，易导致人员触电。

控制措施：启抽油机前，必须使用验电笔对配电柜进行检测，并佩戴绝缘手套进行操作。

风险7：送电时未侧身，易导致电弧灼伤。

控制措施：送电时，严禁身体的任何部位正对配电柜。

第三节 更换密封盒操作

一、概述

抽油机密封盒是十分重要的井口密封装置，抽油机密封盒漏油不但会影响产量与效率，还会造成环境污染，存在严重的安全隐患。更换密封盒操作过程中，存在以下主要风险：机械伤害、人员触电、电弧灼伤、物体打击、高处坠落。

二、操作步骤

（一）准备

（1）同规格密封盒1个，匹配的密封填料若干，900mm管钳、600mm管钳各1把，250mm活动扳手、250mm螺丝刀各1把，方卡子1副，200mm中平锉1把，0.75kg手锤1把，挂钩1副，验电笔1支，绝缘手套1副，安全警示牌1个，生料带若干，黄油若干，细纱布若干，污油桶1个，棉纱若干，笔1支，记录本1本。

（2）穿戴好劳保用品。

（二）检查

（1）确认采油树各部件连接处及阀门无外漏。

（2）检查流程，确认阀门开关正确。

（3）检查刹车紧固、行程合适。

（三）停抽

（1）验电、确认控制柜外壳无电。

（2）戴绝缘手套打开控制柜门，侧身按停止按钮，将驴头停在接近下死点处，刹紧刹车，挂好锁块。

（3）侧身拉闸断电，关好柜门，悬挂安全警示牌，记录停抽时间。

（四）卸旧密封盒

（1）关回压阀门，打开取样阀门放空。

（2）卸掉密封盒压帽，将压帽、压盖牢固挂在悬绳器上，取出旧密封填料。

（3）将光杆密封盒卸开，在光杆密封盒与油管三通之间卡上方卡子上紧，取掉锁块，卸掉负荷，刹紧刹车，挂好锁块。

（4）卸掉载荷卡子，将悬绳器、传感器和密封盒从光杆顶部取出。

（五）挂负荷

（1）取下锁块，摘下安全警示牌，缓松刹车，控制曲柄转速。

（2）使驴头缓慢挂上负荷，刹紧刹车，挂上锁块。

（3）卸掉卸载卡子，锉平光杆毛刺并擦拭干净，将密封盒与油管三通连接并上紧。

（4）按更换光杆密封圈操作规程加密封填料。

（六）开抽

（1）检查抽油机周围无障碍物，取下锁块。

（2）摘下安全警示牌，缓松刹车，控制曲柄转速。

（3）戴绝缘的手套侧身合闸，按启动按钮，利用惯性启动抽油机，关好柜门。

（七）开抽检查

井口密封盒松紧合适，井口无渗漏，抽油机运转正常。

（八）结束操作

（1）收拾工器具，清洁场地。

（2）填写相关记录。

三、风险与防控措施

风险 1：未检查刹车是否灵活好用，刹车失灵易导致机械伤害。

控制措施：检查刹车，刹车行程在 1/2~2/3 之间。

风险 2：停抽油机操作时接触配电柜未验电，未戴绝缘手套，易导致人员触电。

控制措施：停抽油机前，必须使用验电笔对配电柜进行检测，并佩戴绝缘手套进行操作。

风险 3：断电时未侧身，易导致电弧灼伤。

控制措施：断电时，严禁身体的任何部位正对配电柜。

风险 4：停机后未锁好刹车锁块，在操作时抽油机意外旋转，易导致机械伤害。

控制措施：停抽后必须锁好刹车锁块。

风险 5：停机后未切断电源，抽油机意外启动，易导致机械伤害。

控制措施：停机后必须切断电源。

风险 6：卸负荷时，方卡子未卡紧，卡瓦片飞出，易导致物体打击。

控制措施：严格按操作规程卡紧方卡子。

风险 7：卸负荷时，方卡子未卡紧，溜车，易导致机械伤害。

控制措施：严格按操作规程卡紧方卡子。

风险 8：点启抽油机时操作过猛或刹车控制不当，易导致机械伤害。

控制措施：点启抽油机要平稳操作并合理控制刹车。

风险 9：上、下操作平台时，易导致人员高处坠落。

控制措施：上、下操作平台时，必须手扶扶梯，严禁手拿工具。

风险 10：在操作平台上操作未系安全带，易导致人员高处坠落。

控制措施：按要求系好安全带。

风险 11：在操作平台摆放工具，易导致物体打击。

控制措施：禁止在操作平台摆放工具。

风险 12：工具、用具使用方法不正确，易导致物体打击。

控制措施：正确选用工具、用具，平稳、规范操作。

风险 13：在高处作业过程中工具掉落，易导致物体打击。

控制措施：在高处作业时必须使用工具袋，工具必须系安全绳。

风险 14：拆卸旧密封盒、安装新密封盒时，未系安全带，易发生高空坠落事故。

控制措施：正确使用操作平台，按标准要求系好安全带，平稳操作。

风险 15：带负荷时，方卡子未卡紧，卡瓦片飞出，易导致物体打击。

控制措施：严格按操作规程卡紧方卡子。

风险 16：带负荷时，方卡子未卡紧，溜车，易导致机械伤害。

控制措施：严格按操作规程卡紧方卡子。

风险 17：启动抽油机操作时，接触配电柜前未验电，未戴绝缘手套，易导致人员触电。

控制措施：启动抽油机前，必须使用验电笔对配电柜进行检测，并佩戴绝缘手套进行操作。

风险 18：送电时未侧身，易导致电弧灼伤。

控制措施：送电时，严禁身体的任何部位正对配电柜。

风险 19：开抽后检查密封盒压帽松紧度时，用手抓光杆，易导致机械伤害事故。

控制措施：开抽后检查密封盒压帽松紧度时，用手的背部在光杆上行时触摸检查，严禁手抓光杆。

第四节 抽油机井碰泵操作

一、概述

抽油机井在生产过程中由于受砂、蜡等因素的影响，易出现抽油泵泵阀卡、堵、漏的现象，严重时造成不出液。碰泵操作就是通过人为造成抽油泵活塞与固定阀罩发生碰撞，解除泵阀的轻微卡、堵、漏现象，恢复油井正常生产的一项基本操作。抽油机井碰泵操作过程中，存在以下主要风险：机械伤害、人员触电、电弧灼伤、物体打击、高处坠落。

二、操作步骤

（一）准备

（1）600mm 管钳 1 把、300mm 活动扳手 1 把、375mm 活动扳手 1 把、

500mm 撬杠 1 把、方卡子 1 副、卡瓦片 1 副、平板锉 1 把、钢卷尺 1 把、试电笔 1 支、绝缘手套 1 副、警示牌 1 块、操作平台 1 座、黄油若干、擦布 1 块、记号笔 1 支、记录笔 1 支、记录本 1 本。

（2）穿戴好劳保用品。

（二）检查

（1）核实该井生产数据，根据实际情况确定光杆下放距离。

（2）检查流程，检查抽油机运行状态。

（三）操作

（1）戴绝缘手套，检查试电笔，控制柜验电。

（2）检查刹车，按停止按钮，将抽油机驴头停在接近下死点位置，拉紧刹车，断开空气开关，挂警示牌。

（3）在密封盒上卡紧方卡子，用手先将方卡子拉紧螺栓拧到合适位置，放入卡瓦，上紧方卡子。

（4）取下警示牌，合上空气开关，将变频旋钮调节到工频状态，松刹车，点启抽油机，卸掉驴头负荷。

（5）拉紧刹车，断开空气开关，锁好制动板，挂警示牌。

（6）站在操作平台上，在原方卡子上平面处画线做标记，从悬绳器方卡子上端面向上量取大于防冲距的距离，并做好标记。

（7）卸松悬绳器上的方卡子，上移到做标记的位置，上紧方卡子。

（8）取下警示牌，摘下制动板，慢松刹车，使驴头吃上负荷。

（9）卸掉井口密封盒上的方卡子，锉净光杆毛刺。

（10）检查抽油机周围无障碍物，取下警示牌，摘下制动板，慢松刹车，合上空气开关，启动抽油机。

（11）使活塞和固定阀罩碰击 3~5 次。

（12）将抽油机停在合适位置（一般保证卸掉负荷后，方卡子移动距离大于调整距离），拉紧刹车，断开空气开关，锁好制动板，挂警示牌。

（13）上紧井口方卡子，点启抽油机卸掉驴头负荷。

（14）卸松悬绳器上的方卡子，恢复到原来做记号的位置。

（15）取下警示牌，摘下制动板，慢松刹车，使驴头吃上负荷；拉紧刹车，锁好制动板，挂警示牌。

（16）卸掉井口方卡子，锉净光杆毛刺。

（17）检查抽油机周围无障碍物，取下警示牌，摘下制动板，合上空气开关，变频启动抽油机。

（18）检查无上挂下碰现象，压力正常。

（四）结束操作

（1）清理现场，收拾工具。

（2）填写记录。

抽油机井碰泵操作

三、风险与防控措施

风险 1：未检查刹车是否灵活好用，刹车失灵易导致机械伤害。

控制措施：检查刹车，刹车行程在 1/2~2/3 之间。

风险 2：停抽油机操作时，接触配电柜前未验电，未戴绝缘手套，易导致人员触电。

控制措施：停抽油机前，必须使用验电笔对配电柜进行检测，并佩戴绝缘手套进行操作。

风险 3：断电时未侧身，易导致电弧灼伤。

控制措施：断电时，严禁身体的任何部位正对配电柜。

风险 4：停机后未锁好刹车锁块，在操作时抽油机意外旋转，易导致机械伤害。

控制措施：停抽后必须锁好刹车锁块。

风险 5：停机后未切断电源，抽油机意外启动，易导致机械伤害。

控制措施：停机后必须切断电源。

风险 6：上、下操作平台时，易导致人员高处坠落。

控制措施：上、下操作平台时，必须抓稳扶梯。

风险 7：在高处作业过程中工具掉落，易导致物体打击。

控制措施：在高处作业时必须使用工具袋，工具必须系安全绳。

风险 8：调整方卡子时，活动扳手开口调节过大、反打、用力过猛，扳手发生打滑，易导致物体打击。

控制措施：活动扳手使用时应根据螺栓大小调节开口，使固定端受力，平稳用力。

风险 9：卸负荷时，使用手锤打击卡瓦片，造成卡瓦片损坏，发生碎片飞出，易导致物体打击。

控制措施：卸负荷时，应使用活动扳手安装卡瓦片。

风险10：点启抽油机时，操作过猛或刹车控制不当，易导致物体打击或机械伤害。

控制措施：点启抽油机时要平稳操作并合理控制刹车。

风险11：带负荷时，方卡子未卡紧，卡瓦片飞出，易导致物体打击。

控制措施：操作前，应使用活动扳手上紧方卡子。

风险12：带负荷时，方卡子未卡紧，溜车，易导致机械伤害。

控制措施：操作前，应使用活动扳手上紧方卡子。

风险13：碰泵超过规定次数，易导致设备损坏。

控制措施：碰泵时活塞和固定阀罩碰击3~5次。

风险14：校对防冲距时，方卡子移动距离过大，易导致设备损坏。

控制措施：校对防冲距时，方卡子移动距离不能大于冲程长度。

风险15：启动抽油机前，未按规定对抽油机周围进行检查，如果有障碍物或人员，易导致机械伤害。

控制措施：启动抽油机前，检查确认抽油机周围无障碍物和人员，然后启动抽油机。

风险16：启动抽油机操作时，接触配电柜前未验电，未戴绝缘手套，易导致人员触电。

控制措施：启动抽油机前，必须使用验电笔对配电柜进行检测，并佩戴绝缘手套进行操作。

风险17：送电时未侧身，易导致电弧灼伤。

控制措施：送电时，严禁身体的任何部位正对配电柜。

第五节 油井井口投球操作

一、概述

油井投球是机械清蜡方式，为了防止原油从油井到集油站整个流动过程中结蜡，将清蜡球投入管线中，将附着在管壁上的蜡清理，保证管线正常运行。油井井口投球操作过程中，存在以下主要风险：机械伤害、人员触电、电弧灼伤、物体打击、油气中毒、火灾爆炸、环境污染。

二、操作步骤

（一）准备

（1）专用扳手1把、刻好标记的清蜡球1个、污油桶1个、擦布1块、记录笔1支、记录本1本。

（2）穿戴好劳保用品。

（二）检查

（1）检查抽油机运行状态，井口流程及压力正常。

（2）检查投球流程，确认阀门开关状态。

（3）准备好大小合适、完好无损带有标记的清蜡球，并进行登记。

（三）操作

（1）用专用扳手将投球器顺时针转动，将投球筒内筒摇出。

（2）内外筒对准后，将球放入投球筒。

（3）用专用扳手将投球器逆时针转动，将投球筒内筒摇回原来位置。

（4）观察井口压力，直至正常。

（四）结束操作

（1）收拾工具，清理现场。

（2）填写投球记录。

三、风险与防控措施

风险1：未检查刹车是否灵活好用，刹车失灵易导致机械伤害。

控制措施：检查刹车，刹车行程在1/2~2/3之间。

风险2：停抽油机操作时，接触配电柜前未验电，未戴绝缘手套，易导致人员触电。

控制措施：停抽油机前，必须使用验电笔对配电柜进行检测，并佩戴绝缘手套进行操作。

风险3：断电时未侧身，易导致电弧灼伤。

控制措施：断电时，严禁身体的任何部位正对配电柜。

风险4：停抽后未锁好刹车锁块，在操作时抽油机意外旋转，易导致机械伤害。

控制措施：停抽后必须锁好刹车锁块。

风险5：停机后未切断电源，抽油机意外启动，易导致机械伤害。

控制措施：停机后必须切断电源。

风险6：放空时污油随意排放或未按规定回收，易导致环境污染。

控制措施：将放空桶污油倾倒至指定地点。

风险7：清蜡球的规格与管线内径不匹配（过大），易导致管线堵塞，超压泄漏。

控制措施：投球前核对清蜡球规格，选用清蜡球的规格要与管线内径相匹配。

风险8：投球操作时人未站在上风处，易导致油气中毒。

控制措施：投球操作时人员必须站在上风处。

风险9：活动扳手开口调节过大、反打、用力过猛，扳手发生打滑，易导致物体打击。

控制措施：活动扳手使用时应根据螺栓大小调节开口，使固定端受力，平稳用力。

风险10：卸堵头时，井口管线内余压未放净，易导致油气中毒。

控制措施：放空后检查确认无余油、无余压。

风险11：流程倒改错误，造成管线超压刺漏，易导致油气中毒、火灾爆炸或环境污染。

控制措施：检查确认流程倒改正确。

第六节　油井井口加药包加药操作

一、概述

油井井口加药最常用的为加动力和无外加动力两类，油井井口加药包加药属于无外加动力类，它是将化学药剂暂存的设施，通过控制将药剂注入井筒，从而达到清蜡、防腐、降黏等目的。油井井口加药包加药操作过程中，存在以下主要风险：油气中毒、火灾爆炸、环境污染、皮肤腐蚀、眼睛灼伤。

二、操作步骤

（一）准备

（1）口罩1个、护目镜1副、药剂若干、棉纱若干、记录笔1支，记录本1本。

（2）穿戴好劳保用品。

（二）检查

（1）核实井号，检查油井生产状态。

（2）根据本井生产情况，确定药品，核实加药量。

（三）操作

（1）关闭供气阀门，确认套管阀门打开，确认套管测试阀门关闭，关加药包出口阀门，关闭气平衡阀门，关闭放空阀门。

（2）打开加药包进口阀门，放净加药包内余气。

（3）戴好口罩和护目镜，站在上风口，按照规定剂量，缓慢将药剂加入加药包，关加药包进口阀门。

（4）打开加药包气平衡阀门，待压力平衡后，开加药包出口阀门，待5~10min后，确认药品进入油套环形空间，关闭加药包出口阀门，关闭气平衡阀门，根据生产实际情况，适当打开加药包放空阀门，打开供气阀门。

（四）结束操作

（1）清理现场，收拾工具。

（2）填写加药记录。记录加药井号、药品名称、加药时间、加药量等。

三、风险与防控措施

风险1：加药前，未打开放空阀门进行放空，易导致余压伤人。

控制措施：加药前，打开放空阀门进行放空。

风险2：加药过程中个人防护用具佩戴不全，易导致人员中毒、皮肤腐蚀和眼睛灼伤。

控制措施：必须佩戴防护手套、防护口罩和护目眼镜。

风险3：加药过程中站在下风处，易导致人员中毒。

控制措施：正确判断风向，站在上风处。

第七节 更换抽油井井口密封填料操作

一、概述

更换抽油井井口密封填料是采油工经常性的维护工作，光杆密封填料是光杆运动时密封盒与油井连接的动密封件，密封件磨损后油井内的压力就会携带井内的油气水从密封盒冒出，污染密封盒和井场，因此，需要经常性调整和更换密封填料。更换抽油井井口密封填料操作过程中，存在以下主要风险：机械伤害、人员触电、电弧灼伤、油气泄漏、油气中毒、火灾爆炸、环境污染、物体打击。

二、操作步骤

（一）准备

（1）试电笔1支、绝缘手套1副、250mm活动扳手1把、300mm一字螺丝刀1把、勾头扳手2把、铁丝挂钩1段、放空桶1只、警示牌1块、同型号锥形密封填料1个、黄油若干、棉纱若干、记录笔1支、记录本1本。

（2）穿戴好劳保用品。

（二）检查

（1）确认采油树各部位连接处及阀门无外漏。

（2）检查流程，确认阀门开关合适。

（3）检查调整刹车系统灵活好用。

（三）操作

（1）戴绝缘手套，控制柜验电，按停止按钮，将抽油机驴头停在接近下死点便于操作的位置，拉紧刹车、断开空气开关、锁好刹车制动板，挂警示牌。

（2）更换密封填料。

① 旋紧二级填料，卸掉填料压帽，取出压盖，用挂钩牢固地悬挂在悬绳器上。

② 取出旧填料，并清理密封盒内的脏物。

③ 给新填料涂抹黄油，加入密封盒内，安装密封盒压盖、压帽。

④ 用勾头扳手上紧密封盒，卸松二级填料。

（3）取下警示牌，摘下刹车制动板，慢松刹车，合上空气开关，启动抽油机。

（4）检查调整密封盒松紧度，使其不发热、不漏油为宜。

（四）结束操作

（1）清理现场，收拾工具。

（2）填写记录。

更换抽油井井口密封填料操作

三、风险与防控措施

风险1：未检查刹车是否灵活好用，刹车失灵易导致机械伤害。

控制措施：检查刹车，刹车行程在1/2~2/3之间。

风险2：停抽油机操作时，接触配电柜前未验电，未戴绝缘手套，易导致人员触电。

控制措施：停抽油机前，必须使用验电笔对配电柜进行检测，并佩戴绝缘手套进行操作。

风险3：断电时未侧身，易导致电弧灼伤。

控制措施：断电时，严禁身体的任何部位正对配电柜。

风险4：上下减速箱操作平台时，面朝外、脚部未站稳或直接跳下，易导致高空坠落。

控制措施：上下减速箱操作平台时，应面朝里、脚部站稳，平稳上下。

风险5：停抽后未锁好刹车锁块，在操作时抽油机意外旋转，易导致机械伤害。

控制措施：停抽后必须锁好刹车锁块。

风险6：停机后未切断电源，抽油机意外启动，易导致机械伤害。

控制措施：停机后必须切断电源。

风险7：拆卸填料压盖时，未关闭防喷器，易导致油气泄漏、人员中毒。

控制措施：站在上风处，关闭防喷器，缓慢卸松密封盒压盖，检查确认无渗漏。

风险8：卸下密封盒压盖，压盖在悬绳器上悬挂不牢靠，滑落，易导致物体打击。

控制措施：检查并确认密封盒压盖悬挂牢固，防止滑落。

风险9：加完填料后，未打开防喷器，启动抽油机，易导致设备损坏（防喷器、电动机、皮带）。

控制措施：加完填料后，检查确认防喷器完全打开。

风险10：启动抽油机操作时，接触配电柜前未验电，未戴绝缘手套，易导致人员触电。

控制措施：启动抽油机前，必须使用验电笔对配电柜进行检测，并佩戴绝缘手套进行操作。

风险11：送电时未侧身，易导致电弧灼伤。

控制措施：送电时，严禁身体的任何部位正对配电柜。

风险12：检查光杆温度时，手抓光杆，易导致机械伤害。

控制措施：检查光杆温度时，应在上冲程进行，用手背触碰。

第八节 更换抽油井井口生产阀门操作

一、概述

生产阀门是井口重要的控制阀门，在油井生产过程中出现不灵活，渗漏、损坏、闸板脱落等现象时，会引起环境污染，影响资料的录取及油井维护等，甚至影响油井正常生产。更换抽油井井口生产阀门操作过程中，存在以下主要风险：机械伤害、人员触电、电弧灼伤、油气泄漏、油气中毒、环境污染。

二、操作步骤

（一）准备

（1）相同规格新的阀门1个，900mm管钳、600mm管钳各1把，验电笔1支，绝缘手套1副，黄油若干，密封胶带若干，污油桶1个，安全警示牌

1 个，棉纱若干，笔 1 支，记录本 1 本。

（2）穿戴好劳保用品。

（二）检查

（1）确认采气树各法兰连接处及阀门无外漏。

（2）检查流程，确认阀门开关。

（3）检查刹车行程合适。

（三）停抽

（1）验电笔验电，确认控制柜外壳无电。

（2）戴绝缘手套打开控制柜门，侧身按停止按钮，根据井况将抽油机停在合适位置，刹紧刹车。

（3）戴绝缘手套侧身拉闸断电，关好柜门，刹死刹车，挂好锁块，悬挂安全警示牌，记录停抽时间。

（四）放空

关回压阀门，打开取样阀门放空。

（五）卸生产阀门

（1）用两把管钳卸开活接头，用污油桶放净管线内的油污。

（2）同样方法拆下生产阀门。

（六）安装新阀门

（1）在短节上缠好密封胶带，阀门螺纹与短节螺纹对正，均匀上紧，保持阀门水平。

（2）同样方法上好另一端短节，将活接头对正上紧。

（七）恢复流程

（1）关取样阀门，稍开回压阀门试压，检查流程无渗漏，全部打开回压阀门。

（2）缓慢打开生产阀门，检查流程无渗漏，全部打开生产阀门。

（八）开抽

（1）检查抽油机周围障碍物，取锁块。

（2）摘下安全警示牌，缓松刹车，控制曲柄转速。

（3）验电，确认无电，戴绝缘手套侧身合电源开关，按启动按钮，利用惯性启动抽油机，关好柜门。

（4）观察油井生产情况，检查流程无渗漏，抽油机运转正常。

更换抽油井井口生产阀门操作

（九）结束操作

（1）收拾工具，清理现场。

（2）填写相关资料。

三、风险与防控措施

风险1：停抽油机操作时，接触配电柜前未验电，未戴绝缘手套，易导致人员触电。

控制措施：停抽油机前，必须使用验电笔对配电柜进行检测，并佩戴绝缘手套进行操作。

风险2：断电时未侧身，易导致电弧灼伤。

控制措施：断电时，严禁身体的任何部位正对配电柜。

风险3：拆防盗箱时站位、操作不当，会导致油气中毒或闪爆火灾事故。

控制措施：拆防盗箱时必须站在上风口，按标准操作规程进行操作。

风险4：井口未放空，油气泄漏，易导致油气中毒、环境污染。

控制措施：确认管线无余压、余油后再进行维护操作，严禁带压操作。

风险5：更换生产阀门过程中，管钳使用不当，易导致物体打击。

控制措施：更换生产阀门过程中，禁止用脚踩管钳，使用时应平稳用力。

风险6：未试压直接生产，易导致油气泄漏、环境污染。

控制措施：恢复生产时先进行试压，检查确认阀门连接处无渗漏，通知站内恢复流程。

风险7：启动抽油机前，未按规定对抽油机周围进行检查，如果有障碍物或人员，易导致机械伤害。

控制措施：启动抽油机前，检查确认抽油机周围无障碍物和人员，然后启动抽油机。

风险8：启动抽油机操作时，接触配电柜前未验电，未戴绝缘手套，易导致人员触电。

控制措施：启动抽油机前，必须使用验电笔对配电柜进行检测，并佩戴

绝缘手套进行操作。

风险9：送电时未侧身，易导致电弧灼伤。

控制措施：送电时，严禁身体的任何部位正对配电柜。

第九节　抽油机井测示功图操作

一、概述

示功图反映抽油泵在井下工作情况，反映驴头负荷与活塞位移关系，通过实际测量示功图，可以准确地判定其具体的工作状态，能够直接反映出不同泵况的运行条件。抽油机井测示功图操作过程中，存在以下主要风险：高处坠落、人员触电、电弧灼伤、机械伤害、物体打击。

二、操作步骤

（一）准备

（1）测井仪1台、记录纸若干、棉纱若干、笔1支、记录本1本。

（2）穿戴好劳保用品。

（二）检查

（1）清楚测试井的工作参数、井下管柱结构和抽油杆规范。

（2）了解抽油机类别、悬绳器、井口设备及装置情况，刹车可靠、采油树不渗漏，确认工字架良好。

（3）检查仪器传输信号、电压等。

（三）测试

（1）将抽油机驴头停在接近下死点，刹住刹车，切断电源。

（2）将示功仪装入工字架内，穿上保险销，关示功仪泄压阀，下压手柄使载荷传感器吃上负荷，均衡受力。

（3）连接好动力仪与示功仪的信号线，拉下示功仪下端的位移线，并固定在井口三通处，使位移线活动自如，任何位置位移线无松动现象。

（4）松开刹车，合上电源，启动抽油机，打开动力仪的电源开关，进入主菜单，按照菜单指令进行数据采集，输入当前井号、日期，按回车键，进入测示功图界面，等 5min 后抽油机正常工作后，点“确定”键即可进行示功图测试。

（5）每口井要测试 3 个相同的图形为准确示功图，存储后即可退出，回到主菜单，关闭电源。

（6）测试完成按以上步骤停抽，拆卸仪器，恢复生产流程。

三、风险与防控措施

风险 1：在操作平台上操作未系安全带，易导致高处坠落。

控制措施：按要求系好安全带。

风险 2：停抽油机操作时，接触配电柜前未验电，未戴绝缘手套，易导致人员触电。

控制措施：停抽油机前，必须使用验电笔对配电柜进行检测，并佩戴绝缘手套进行操作。

风险 3：断电时未侧身，易导致电弧灼伤。

控制措施：断电时，严禁身体的任何部位正对配电柜。

风险 4：停抽后未锁好刹车锁块，在操作时抽油机意外旋转，易导致机械伤害。

控制措施：停抽后必须锁好刹车锁块。

风险 5：停机后未切断电源，抽油机意外启动，易导致机械伤害。

控制措施：停机后必须切断电源。

风险 6：安装载荷传感器及数据线时未停机，易导致机械伤害。

控制措施：安装载荷传感器及数据线，必须在停机状态下进行。

风险 7：安装载荷传感器时，未使用打压手柄打压或保险销未插，传感器脱出，易导致物体打击。

控制措施：检查确认载荷传感器带上负荷，保险销牢靠。

风险 8：载荷传感器打压或泄压时，人员未站在悬绳器侧面，传感器弹出掉落，易造成物体打击。

控制措施：载荷传感器打压或泄压时，人员必须站在悬绳器侧面，平稳操作。

风险 9：拆卸载荷传感器时，操作顺序错误，易导致物体打击。

控制措施：拆卸载荷传感器时，先泄压，检查确认传感器无负荷，再拔出保险销。

风险 10：启动抽油机前，未按规定对抽油机周围进行检查，如果有障碍物或人员，易导致机械伤害。

控制措施：启动抽油机前，检查确认抽油机周围无障碍物和人员，然后启动抽油机。

风险 11：启动抽油机操作时，接触配电柜前未验电，未戴绝缘手套，易导致人员触电。

控制措施：启动抽油机前，必须使用验电笔对配电柜进行检测，并佩戴绝缘手套进行操作。

风险 12：未戴绝缘手套接触用电设备，易导致人员触电。

控制措施：接触用电设备，必须佩戴绝缘手套。

风险 13：送电时未侧身，易导致电弧灼伤。

控制措施：送电时，严禁身体的任何部位正对配电柜。

第十节　抽油机启、停操作

一、概述

抽油机是石油开采中的重要设备之一，是有杆抽油系统中最主要的举升设备。它的主要作用是通过抽油杆、抽油泵，把井底的原油提升到地面上来。熟练掌握抽油机启停操作，对现场设备维护、井口操作，都有十分重要的意义。该项操作在解除故障复位过程中存在一定的风险，主要风险有：环境污染、人身伤害。

二、操作步骤

（一）准备

（1）600mm 管钳 1 把、试电笔 1 支、绝缘手套 1 副、钳形电流表 1 块、450mm 活动扳手 1 把、红外线测温仪 1 把、黄油若干、擦布 1 块、工具包 1 个、控制柜专用钥匙 1 把、记录笔 1 支、记录本 1 本。

（2）穿戴好劳保用品。

（二）检查

（1）检查井口连接部位、密封盒密封情况、压力表是否合格并符合生产需要。

（2）检查悬绳器挡板与工字卡牢固、毛辫子完好。

（3）检查底座连接部位螺栓紧固，检查曲柄销冕型螺母紧固、皮带松紧适度。

（4）检查减速箱机油、刹车情况。

（5）检查抽油机游梁、轴承、顶丝、驴头销子牢固。

（6）检查载荷线连接完好。

（7）倒改井口流程：确认放空阀门关闭，依次打开套管压力表阀门、套管气阀门、油管压力表阀门、生产阀门、回压阀门。

（8）检查并清除周围障碍物。

（三）启动

摘掉刹车制动板、取下警示牌，松刹车，合上空气开关，启动抽油机。

（四）运行检查

（1）听抽油机各部位无异常声响。

（2）观察井口压力正常，各连接部位及密封填料无渗漏。

（3）检查控制柜内无异味，用钳形电流表测量电流。

（4）用红外线测温仪测电动机温度。

（5）检查油井出油正常、井口无碰挂现象。

（五）停机

（1）戴绝缘手套，打开控制柜，按停止按钮，拉紧刹车，断开空气开关，锁好刹车制动板。

（2）关闭生产阀门（如果长期停井，需吹扫管线放空）。

（六）结束操作

（1）清理现场，收拾工具。

（2）填写工作记录。

三、风险与防控措施

抽油机启、停操作

风险 1：启动抽油机前，未按规定对抽油机周围进行检查，如果有障碍物或人员，易导致机械伤害。

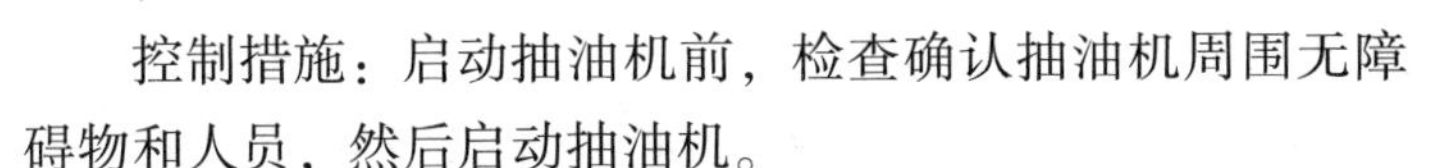

控制措施：启动抽油机前，检查确认抽油机周围无障碍物和人员，然后启动抽油机。

风险 2：启动抽油机前，未检查确认井口流程，易导致油气泄漏。

控制措施：启动抽油机前，认真检查井口流程，确保流程正确。

风险 3：未检查刹车是否灵活好用，刹车失灵易导致机械伤害。

控制措施：检查刹车，刹车行程在 1/2~2/3 之间。

风险 4：启动抽油机操作时，接触配电柜前未验电，未戴绝缘手套，易导致人员触电。

控制措施：启动抽油机前，必须使用验电笔对配电柜进行检测，并佩戴绝缘手套进行操作。

风险 5：送电时未侧身，易导致电弧灼伤。

控制措施：送电时，严禁身体的任何部位正对配电柜。

风险 6：检查光杆温度时，手抓光杆，易导致机械伤害。

控制措施：检查光杆温度时，应在上冲程进行，用手背触碰。

风险 7：抽油机运行检查时，人员进入抽油机防护栏以内，易导致机械伤害。

控制措施：抽油机运行时，人员不得进入防护栏以内，且防护栏内禁止存放物品（放空桶、工具、棉纱）。

风险 8：抽油机运行时，操作人员擦拭设备，易导致机械伤害。

控制措施：抽油机清洁维护时，必须停机后操作。

风险 9：抽油机运转过程中，人员从抽油机驴头下穿越，易导致物体打击。

控制措施：抽油机运转过程中，人员禁止从抽油机驴头下穿越。

风险 10：停抽油机操作时，接触配电柜前未验电，未戴绝缘手套，易导致人员触电。

控制措施：停抽油机前，必须使用验电笔对配电柜进行检测，并佩戴绝缘手套进行操作。

风险 11：断电时未侧身，易导致电弧灼伤。

控制措施：断电时，严禁身体的任何部位正对配电柜。

风险 12：停抽后未锁好刹车锁块，在操作时抽油机意外旋转，易导致机械伤害。

控制措施：停抽后必须锁好刹车锁块。

风险 13：停机后未切断电源，抽油机意外启动，易导致机械伤害。

控制措施：停机后必须切断电源。

风险 14：停机超过 24h 以上，未关闭回压阀门，易导致油气泄漏、环境污染。

控制措施：停机超过 24h 以上，必须关闭回压阀门。

第十一节　游梁式抽油机更换皮带操作

一、概述

更换皮带是抽油机井在运转过程中需要经常做的一项工作，由于皮带在各种因素的影响下工作一段时间后会出现偏磨、拉长、断股、分叉等现象，为保障抽油机的正常运行，必须及时对其更换。游梁式抽油机更换皮带操作过程中，存在以下主要风险：机械伤害、人员触电、电弧灼伤、高处坠落、物体打击。

二、操作步骤

（一）准备

（1）250mm 活动扳手 1 把、300mm 活动扳手 1 把、1000mm 撬杠 1 根、500mm 撬杠 1 根、300mm 一字螺丝刀 1 把、钢丝刷 1 把、试电笔 1 支、绝缘手套 1 副、禁止启动警示牌 1 块、同型号皮带 1 组、5m 线绳 1 根、黄油若干、擦布 1 块、记录笔 1 支、记录本 1 本。

（2）穿戴好劳保用品。

（二）检查

（1）检查皮带型号是否相符。

（2）确定井口流程是否正确。

（3）刹车行程是否合适。

（三）操作

（1）用试电笔测试控制柜外壳是否带电，戴绝缘手套侧身按停止按钮，将曲柄停在便于拆卸防护罩的位置，拉紧刹车，断开空气开关，挂警示牌，锁好刹车锁块。

（2）拆掉皮带防护罩。

（3）卸松电动机滑轨前后固定螺栓，卸松顶丝及顶丝底座固定螺栓，将顶丝底座旋转90°方向。

（4）用撬杠向前移动电动机滑轨，取下旧皮带。

（5）装上新皮带，用撬杠移动滑轨，将顶丝底座回旋90°方向，上紧顶丝底座固定螺栓，紧顶丝，调整皮带松紧度及四点一线。

（6）对角紧固电动机滑轨固定螺栓。

（7）安装皮带防护罩，检查有无偏磨。

（8）摘掉刹车制动板，取下警示牌，慢松刹车，检查抽油机周围无障碍物，合上空气开关，启动抽油机，检查抽油机运行状态。

（四）结束操作

（1）清理现场，收拾工具。

（2）填写记录。

游梁式抽油机
更换皮带操作

三、风险与防控措施

风险1：未检查刹车是否灵活好用，刹车失灵易导致机械伤害。

控制措施：检查刹车，刹车行程在1/2~2/3之间。

风险2：停抽油机操作时，接触配电柜前未验电，未戴绝缘手套，易导致人员触电。

控制措施：停抽油机前，必须使用验电笔对配电柜进行检测，并佩戴绝缘手套进行操作。

风险3：断电时未侧身，易导致电弧灼伤。

控制措施：断电时，严禁身体的任何部位正对配电柜。

风险4：停抽后未锁好刹车锁块，在操作时抽油机意外旋转，易导致机械伤害。

控制措施：停抽后必须锁好刹车锁块。

风险 5：停机后未切断电源，抽油机意外启动，易导致机械伤害。

控制措施：停机后必须切断电源。

风险 6：上、下减速器操作平台时，易导致人员高处坠落。

控制措施：上、下减速器操作平台时，必须手扶扶梯，严禁手拿工具。

风险 7：在减速器操作平台摆放工具，易导致物体打击。

控制措施：禁止在减速器操作平台摆放工具。

风险 8：取下护罩时，两人配合不当使护罩掉落，易导致物体打击（安装护罩时存在相同风险）。

控制措施：取下护罩时须平稳操作。

风险 9：活动扳手开口调节过大、反打、用力过猛，扳手发生打滑，易导致物体打击。

控制措施：活动扳手使用时应根据螺栓大小调节开口，使固定端受力，平稳用力。

风险 10：移动电动机时撬杠打滑，易导致人员伤害、物体打击。

控制措施：移动电动机时使用撬杠用力要平稳，操作人员身体应避开撬杠端头。

风险 11：安装皮带时，未按照标准操作规程操作，戴手套直接盘皮带，易导致机械伤害。

控制措施：安装皮带时，应按照标准操作规程操作卸松电动机导轨固定螺栓、松顶丝后移动电动机，再安装皮带，并且安装皮带时严禁戴手套操作。

风险 12：安装护罩时，两人配合不当使护罩掉落，易导致物体打击。

控制措施：安装护罩时须平稳操作。

风险 13：启动抽油机前，未按规定对抽油机周围进行检查，如果有障碍物或人员，易导致机械伤害。

控制措施：启动抽油机前，检查确认抽油机周围无障碍物和人员，然后启动抽油机。

风险 14：启动抽油机操作时，接触配电柜前未验电，未戴绝缘手套，易导致人员触电。

控制措施：启动抽油机前，必须使用验电笔对配电柜进行检测，并佩戴

绝缘手套进行操作。

风险15：送电时未侧身，易导致电弧灼伤。

控制措施：送电时，严禁身体的任何部位正对配电柜。

第十二节 游梁式抽油机井调整防冲距操作

一、概述

为了防止泵的活塞在下行时碰撞固定阀罩，而把抽油杆柱适当上提一段距离，这个距离称为地面防冲距。调整抽油机井防冲距主要是为了防止活塞在下死点时撞击固定阀和上死点脱出工作筒，同时在不撞击固定阀的条件下最大限度减少余隙容积，提高抽油泵充满系数。游梁式抽油机井调整防冲距操作过程中，存在以下主要风险：机械伤害、人员触电、电弧灼伤、高处坠落、物体打击。

二、操作步骤

（一）准备

（1）600mm管钳1把、300mm活动扳手1把、375mm活动扳手1把、方卡子1副、卡瓦片1副、平板锉1把、钢卷尺1把、试电笔1支、绝缘手套1副、安全带1副、操作平台1座、黄油若干、擦布1块、警示牌1块、记录笔1支、记录本1本、石笔若干。

（2）穿戴好劳保用品。

（二）检查

检查刹车行程是否合适，灵活好用。

（三）操作

（1）戴好绝缘手套，检查试电笔，控制柜验电。

（2）检查刹车，按停止按钮，将抽油机驴头停在接近下死点位置，拉紧刹车，断开空气开关，挂警示牌。

（3）将方卡子正面向上放置于密封盒上，放入卡瓦，上紧方卡子。

（4）取下警示牌，合上空气开关，调节旋钮至工频状态，慢松刹车，点启抽油机，卸掉驴头负荷。

（5）拉紧刹车，断开空气开关，锁好刹车制动板、挂好警示牌。

（6）以调小防冲距为例，一人站在操作平台上，用钢卷尺在方卡子上平面量取需要调整的距离，并画线做记号，卸松悬绳器上的方卡子。

（8）慢松刹车，使悬绳器上的方卡子上平面与画线处平齐，拉紧刹车，锁好刹车制动板、挂好警示牌。

（9）上紧悬绳器上方的方卡子。

（10）摘下制动板，取下警示牌、慢松刹车，使驴头吃上负荷，拉紧刹车。

（11）卸下井口方卡子，锉净光杆毛刺。

（12）检查抽油机周围无障碍物，松开刹车，合上空气开关，变频启动抽油机。

（13）在井口检查，无上挂下碰现象。

游梁式抽油机井调整防冲距操作

（四）结束操作

（1）清理现场，收拾工具。

（2）填写记录。

三、风险与防控措施

风险 1：未检查刹车是否灵活好用，刹车失灵易导致机械伤害。

控制措施：检查刹车，刹车行程在 1/2~2/3 之间。

风险 2：停抽油机操作时，接触配电柜前未验电，未戴绝缘手套，易导致人员触电。

控制措施：停抽油机前，必须使用验电笔对配电柜进行检测，并佩戴绝缘手套进行操作。

风险 3：断电时未侧身，易导致电弧灼伤。

控制措施：断电时，严禁身体的任何部位正对配电柜。

风险 4：停机后未切断电源，抽油机意外启动，易导致机械伤害。

控制措施：停机后必须切断电源。

风险 5：卸负荷时，使用手锤打击卡瓦片，造成卡瓦片损坏，发生碎片飞出，易导致物体打击。

控制措施：卸负荷时，应使用活动扳手安装方卡子。

风险 6：卸负荷时，方卡子未卡紧，发生溜车，易导致机械伤害。

控制措施：卸负荷时，应使用活动扳手上紧方卡子。

风险 7：点启抽油机时操作过猛或刹车控制不当，发生溜车，易导致物体打击或机械伤害。

控制措施：点启抽油机平稳操作并合理控制刹车。

风险 8：校对防冲距时，方卡子移动距离过大，易导致设备损坏。

控制措施：校对防冲距时，方卡子移动距离不能大于冲程长度。

风险 9：带负荷时，方卡子未卡紧，卡瓦片飞出，易导致物体打击。

控制措施：带负荷时，应使用活动扳手安装方卡子。

风险 10：带负荷时，操作不平稳，发生溜车，易导致机械伤害。

控制措施：带负荷时，应操作平稳。

风险 11：启动抽油机前，未按规定对抽油机周围进行检查，如果有障碍物或人员，易导致机械伤害。

控制措施：启动抽油机前，检查确认抽油机周围无障碍物和人员，然后启动抽油机。

风险 12：启动抽油机操作时，接触配电柜前未验电，未戴绝缘手套，易导致人员触电。

控制措施：启抽油机前，必须使用验电笔对配电柜进行检测，并佩戴绝缘手套进行操作。

风险 13：送电时未侧身，易导致电弧灼伤。

控制措施：送电时，严禁身体的任何部位正对配电柜。

第十三节　游梁式抽油机调冲次操作

一、概述

由于地质情况复杂与油量随时间的下降，固定抽油机采油冲次可能产生空抽或者抽油效率不高的情况；合理调节游梁式抽油机冲次，考虑油层的供液能力和抽油装置的抽汲能力，根据采集到的数据合理地确定冲次，使采油效率最大化，提高设备的安全性和经济性。游梁式抽油机调冲次操作过程中，存在以下主要风险：人员触电、电弧灼伤、机械伤害、物体打击、高处坠落。

二、操作步骤

（一）准备

（1）250mm 活动扳手 1 把、300mm 活动扳手 1 把、300mm 一字螺丝刀 1 把、1000mm 撬杠 1 根、500mm 撬杠 1 根、3.5kg 大锤 1 把、半圆锉 1 把、砂纸若干、150mm 游标卡尺 1 把、拔轮器 1 副、铜棒 1 根、不同规格皮带轮各 1 个、绝缘手套 1 副、试电笔 1 支、警示牌 1 块、黄油若干、擦布 1 块、5m 线绳 1 根、秒表 1 块、记录笔 1 支、记录本 1 本。

（2）穿戴好劳保用品。

（二）检查

检查刹车行程合适，灵活好用。

（三）操作

（1）用试电笔验电，试刹车，按停止按钮，使抽油机曲柄停在便于拆卸防护罩的位置。

（2）拉紧刹车，断开空气开关，挂警示牌，锁好刹车制动板。

（3）拆卸皮带防护罩。

（4）按顺序依次卸松滑轨固定前、后螺栓，顶丝及顶丝底座固定螺栓，将两端顶丝底座旋转 90°方向，用撬杠前移滑轨，摘掉皮带。

（5）卸掉电动机皮带轮盖板螺栓，安装好拔轮器，紧丝杆拔出皮带轮，取下键。

（6）对新皮带轮内孔及电动机轴除锈，保持光洁，测量电动机轴与新皮带轮内孔的配合间隙（±0.02mm），以及键和键槽的间隙，将键放入键槽。

（7）装上新皮带轮，用铜棒边转边敲皮带轮，将皮带轮装到位。

（8）上紧皮带轮盖板，装上皮带。

（9）用撬杠后移滑轨，将两边顶丝底座回转 90°方向，上紧两端顶丝底座固定螺栓，紧顶丝，并在螺栓螺纹处涂上黄油，调整皮带松紧度及“四点一线”，对角上紧滑轨固定螺栓。

（10）安装防护罩。

（11）摘掉刹车制动板，取下警示牌，慢松刹车，合上空气开关，启动抽油机。

（12）检查抽油机运转状态，核实冲次。

游梁式抽油机调冲次操作

（四）结束操作

（1）清理现场，收拾工具。

（2）填写记录。

三、风险与防控措施

风险 1：未检查刹车是否灵活好用，刹车失灵易导致机械伤害。

控制措施：检查刹车，刹车行程在 1/2~2/3 之间。

风险 2：停抽油机操作时，接触配电柜前未验电，未戴绝缘手套，易导致人员触电。

控制措施：停抽油机前，必须使用验电笔对配电柜进行检测，并佩戴绝缘手套进行操作。

风险 3：断电时未侧身，易导致电弧灼伤。

控制措施：断电时，严禁身体的任何部位正对配电柜。

风险 4：停抽后未锁好刹车锁块，在操作时抽油机意外旋转，易导致机械伤害。

控制措施：停抽后必须锁好刹车锁块。

风险 5：停机后未切断电源，抽油机意外启动，易导致机械伤害。

控制措施：停机后必须切断电源。

风险 6：上、下减速器操作平台时，易导致人员高处坠落。

控制措施：上、下减速器操作平台时，必须手扶扶梯，严禁手拿工具。

风险 7：在减速器操作平台摆放工具，易导致物体打击。

控制措施：禁止在减速器操作平台摆放工具。

风险 8：在使用拔轮器过程中，用力过猛或操作不当，易导致人身伤害。

控制措施：在使用拔轮器过程中，固定拔轮器三爪，平稳操作。

风险 9：使用铜棒时戴手套，易导致物体打击。

控制措施：使用铜棒时禁止戴手套。

风险10：未上紧皮带轮固定螺栓、盖板或皮带轮安装不到位，易导致物体打击、设备损坏。

控制措施：用铜棒边转边敲，将皮带轮安装到位；上紧皮带轮固定螺栓、盖板。

风险11：戴手套安装皮带，易导致机械伤害。

控制措施：拆、装皮带时严禁戴手套操作。

风险12：启动抽油机前，未按规定对抽油机周围进行检查，如果有障碍物或人员，易导致机械伤害。

控制措施：启动抽油机前，检查确认抽油机周围无障碍物和人员，然后启动抽油机。

风险13：启动抽油机操作时，接触配电柜前未验电，未戴绝缘手套，易导致人员触电。

控制措施：启动抽油机前，必须使用验电笔对配电柜进行检测，并佩戴绝缘手套进行操作。

风险14：送电时未侧身，易导致电弧灼伤。

控制措施：送电时，严禁身体的任何部位正对配电柜。

第十四节 游梁式抽油机调整驴头与井口对中操作

一、概述

游梁式抽油机驴头中分线与井口中心在同一垂线上为对中。调整驴头中心与井口对中可防止抽油机光杆偏磨而断脱及井口密封盒偏磨严重致使井口密封不严造成油气泄漏等，可降低生产成本，提高经济效益和管理水平。游梁式抽油机调整驴头与井口对中操作过程中，存在以下主要风险：人员触电、电弧灼伤、机械伤害、物体打击、高处坠落。

二、操作步骤

（一）准备

（1）375mm和300mm活动扳手各1把、200mm中平锉1把、0.75kg手

锤 1 把、500mm 撬杠 1 根、方卡子 1 副、直尺 1 把、2m 钢卷尺 1 个、吊线锤 1 个、安全带和绝缘手套各 1 副、试电笔 1 支、棉纱、笔、记录本、黄油若干。

（2）穿戴好劳保用品。

（二）检查

检查刹车行程合适，灵活好用。

（三）操作

（1）戴绝缘手套，用试电笔测控制柜外壳有无漏电，打开柜门按下停止按钮，使驴头停在下死点位置，刹紧刹车，关好柜门，锁紧锁块。

（2）上驴头将安全带挂在驴头上，用钢卷尺测量驴头宽度，把测量板放置在驴头悬挂盘中心位置，将吊线锤放置在测量板中间位置，慢慢放下，使吊线锤垂直落到光杆密封盒处，在井口用直尺测出吊线锤与井口光杆的偏差，并记录偏差数据，确定调整方向与调整距离。

（3）收拾工具，摘安全带，下驴头。

（4）取出刹车锁块，启动抽油机，使井口光杆方卡子坐在密封盒上，卸掉驴头负荷，刹紧刹车，锁紧锁块。

（5）用活动扳手卸松中轴承四个规定螺栓与四个调节螺栓备帽，根据测出的驴头偏差方向，调整中轴承前吊线锤与光杆偏差后左右四个顶丝，使游梁在任何位置时驴头中心点投影都与井口中心基本重合，偏差不大于规定尺寸。

① 驴头偏后，松前面两条顶丝，紧前面两条顶丝。

② 驴头偏前，松后面两条顶丝，紧后面两条顶丝。

③ 驴头偏左，松右前、左后两条顶丝，紧左前、右后两条顶丝。

④ 驴头偏右，松左前、右后两条顶丝，紧右前、左后两条顶丝。

（6）若顶丝调到尽头还不能使之对中，就利用千斤顶调整底盘。

（7）调整完成后，用活动扳手拧紧各顶丝备帽及中轴承固定螺栓，摘下安全带，下抽油机。

（8）取出刹车锁块，稍松刹车，使驴头慢慢吃上负荷，卸掉井口方卡子，锉平光杆毛刺。

（9）按启动按钮，再次启动抽油机开抽，关好控制柜门，确认生产正常。

游梁式抽油机调整驴头与井口对中操作

（四）结束操作

（1）收拾工具、用具及材料，清理现场。

（2）记录相关数据。

三、风险与防控措施

风险1：未检查刹车是否灵活好用，刹车失灵易导致机械伤害。

控制措施：检查刹车，刹车行程在1/2~2/3之间。

风险2：停抽油机操作时，接触配电柜前未验电，未戴绝缘手套，易导致人员触电。

控制措施：停抽油机前，必须使用验电笔对配电柜进行检测，并佩戴绝缘手套进行操作。

风险3：断电时未侧身，易导致电弧灼伤。

控制措施：断电时，严禁身体的任何部位正对配电柜。

风险4：停抽后未锁好刹车锁块，在操作时抽油机意外旋转，易导致机械伤害。

控制措施：停抽后必须锁好刹车锁块。

风险5：停机后未切断电源，抽油机意外启动，易导致机械伤害。

控制措施：停机后必须切断电源。

风险6：在操作平台或驴头处操作未系安全带，易导致高处坠落。

控制措施：在操作平台或驴头处操作必须系好安全带。

风险7：卸负荷时，发生溜车，易导致机械伤害。

控制措施：卸负荷操作前，必须锁好刹车锁块。

风险8：在高处作业过程中工具掉落，易导致物体打击。

控制措施：在高处作业时必须使用工具袋。五级以上大风严禁高处作业。

风险9：活动扳手开口调节过大、反打、用力过猛，扳手发生打滑，易导致高空坠落。

控制措施：活动扳手使用时应根据螺栓大小调节开口，使固定端受力，平稳用力。

风险10：带负荷时，方卡子未卡紧，发生溜车，防脱接箍飞出，易导致物体打击。

控制措施：严格按操作规程卡紧方卡子。

风险 11：启动抽油机前，未按规定对抽油机周围进行检查，如果有障碍物或人员，易导致机械伤害。

控制措施：启动抽油机前，检查确认抽油机周围无障碍物和人员，然后启动抽油机。

风险 12：启动抽油机操作时，接触配电柜前未验电，未戴绝缘手套，易导致人员触电。

控制措施：启动抽油机前，必须使用验电笔对配电柜进行检测，并佩戴绝缘手套进行操作。

风险 13：送电时未侧身，易导致电弧灼伤。

控制措施：送电时，严禁身体的任何部位正对配电柜。

第十五节　游梁式抽油机调整皮带轮“四点一线”操作

一、概述

游梁式抽油机的传动系统主要依靠皮带传动，现场中皮带的安装使用是否规范合格，常用“四点一线”来检测，“四点一线”是指减速箱的输入轴的大皮带轮和电动机小皮带轮外边缘过轴心的四点在一条直线上，当差异较大时，通常会降低电动机皮带的使用寿命和传动效率，在夜间发现不及时造成烧皮带等现象，并发生躺井事故。游梁式抽油机调整皮带轮“四点一线”操作过程中，存在以下主要风险：人员触电、电弧灼伤、机械伤害、物体打击、高处坠落。

二、操作步骤

（一）准备

（1）600mm 管钳 1 把，300mm 活动扳手 2 把，500mm、1000mm 撬杠各 1 根，黄油若干，棉纱若干，棉线绳若干，钢丝刷若干，试电笔 1 支，绝缘手套 1 副，笔 1 支，记录本 1 本。

（2）穿戴好劳保用品。

（二）检查

检查刹车行程合适，灵活好用。

（三）操作

（1）戴绝缘手套，用试电笔测控制柜外壳有无漏电，打开柜门，按停止按钮，将抽油机曲柄停在便于拆卸皮带防护罩的位置。

（2）拉紧刹车，侧身关闭空气开关，挂好锁块，警示牌。

（3）拆掉皮带防护罩。

（4）测“四点一线”

① 两人配合，拉紧线绳，测大、小皮带轮“四点一线”。

② 调整皮带松紧度，压下 2~3 指为宜。

（5）根据测量结果，调整“四点一线”与松紧度。

（6）紧固电动机、滑轨固定螺栓。

（7）安装皮带防护罩。

（8）戴绝缘手套，松锁块，打开柜门，侧身合闸，按启动按钮，启动抽油机。

游梁式抽油机调整皮带轮“四点一线”操作

（9）检查运行效果。

（10）填写相关数据。

三、风险与防控措施

风险 1：未检查刹车是否灵活好用，刹车失灵易导致机械伤害。

控制措施：检查刹车，刹车行程在 1/2~2/3 之间。

风险 2：停抽油机操作时，接触配电柜前未验电，未戴绝缘手套，易导致人员触电。

控制措施：停抽油机前，必须使用验电笔对配电柜进行检测，并佩戴绝缘手套进行操作。

风险 3：断电时未侧身，易导致电弧灼伤。

控制措施：断电时，严禁身体的任何部位正对配电柜。

风险 4：停抽后未锁好刹车锁块，在操作时抽油机意外旋转，易导致机械伤害。

控制措施：停抽后必须锁好刹车锁块。

风险5：停机后未切断电源，抽油机意外启动，易导致机械伤害。

控制措施：停机后必须切断电源。

风险6：上、下减速器操作平台时，易导致人员高处坠落。

控制措施：上、下减速器操作平台时，必须手扶扶梯，严禁手拿工具。

风险7：拆卸皮带防护罩时，操作人员交叉作业，易导致物体打击。

控制措施：拆卸皮带防护罩时，严禁操作人员交叉作业。

风险8：拆掉护罩时，两人配合不当，发生护罩掉落，易导致物体打击。

控制措施：拆掉护罩时需平稳操作。

风险9：活动扳手开口调节过大、反打、用力过猛，扳手发生打滑，易导致物体打击。

控制措施：活动扳手使用时应根据螺栓大小调节开口，使固定端受力，平稳用力。

风险10：在减速器操作平台上操作未系安全带，易导致人员高处坠落。

控制措施：按要求系好安全带。

风险11：在减速器操作平台摆放工具，易导致物体打击。

控制措施：禁止在减速器操作平台摆放工具。

风险12：安装护罩时，两人配合不当使护罩掉落，易导致物体打击。

控制措施：安装护罩时需平稳操作。

风险13：启动抽油机前，未按规定对抽油机周围进行检查，如果有障碍物或人员，易导致机械伤害。

控制措施：启动抽油机前，检查确认抽油机周围无障碍物和人员，然后启动抽油机。

风险14：启动抽油机操作时，接触配电柜前未验电，未戴绝缘手套，易导致人员触电。

控制措施：启动抽油机前，必须使用验电笔对配电柜进行检测，并佩戴绝缘手套进行操作。

风险15：送电时未侧身，易导致电弧灼伤。

控制措施：送电时，严禁身体的任何部位正对配电柜。

风险16：撬起刹车锁块时，撬杠打滑，使其飞出，易导致物体打击。

控制措施：撬起刹车锁块时，使用撬杠用力要平稳。

第十六节 调整抽油机外抱式刹车操作

一、概述

在生产过程中，抽油机刹车经过不断张合和磨损而造成间隙过大，造成刹车失灵或失效，影响抽油机井维护管理工作正常进行，严重时还造成机械或人身伤害事故的发生。调整抽油机外抱式刹车操作过程中，存在以下主要风险：人员触电、电弧灼伤、机械伤害、物体打击。

二、操作步骤

（一）准备

（1）250mm 活动扳手 1 把、300mm 活动扳手 1 把、450mm 活动扳手 1 把、500mm 撬杠 1 根、0.75kg 手锤 1 把、试电笔 1 支、绝缘手套 1 副、警示牌 1 块、黄油若干、擦布 1 块、记录笔 1 支、记录本 1 本。

（2）穿戴好劳保用品。

（二）操作

（1）检查抽油机运行状态。

（2）戴绝缘手套，检查试电笔，控制柜验电。

（3）试刹车，将抽油机驴头停在接近上死点位置，拉紧刹车，断开空气开关、锁好刹车制动板，挂警示牌，将刹车松开到最大位置。

（4）调整。

① 刹车行程过长或过短：松开纵向拉杆定位螺栓，调节纵向拉杆长度，检查刹车行程达到 1/2~2/3 处为宜，上紧定位螺栓。

② 刹车张合度过大或过小：松开刹车箍调整螺母备帽，将刹车箍调整螺母向内或向外调整，检查刹车松开到最大限度时，刹车蹄片与刹车轮之间的距离为 5mm 左右为宜，上好备帽。

（5）摘掉刹车制动板，取下警示牌，试刹车行程，松刹车，合上空气开关，点启动，试刹车，灵活可靠，无偏磨自锁，否则重新调整。

（6）二次启动方法启动抽油机。

（三）结束操作

（1）清理现场，收拾工具。

（2）填写记录。

调整抽油机外抱式刹车操作

三、风险与防控措施

风险1：停抽油机操作时，接触配电柜前未验电，未戴绝缘手套，易导致人员触电。

控制措施：停抽油机前，必须使用验电笔对配电柜进行检测，并佩戴绝缘手套进行操作。

风险2：断电时未侧身，易导致电弧灼伤。

控制措施：断电时，严禁身体的任何部位正对配电柜。

风险3：停机后未切断电源，抽油机意外启动，易导致机械伤害。

控制措施：停机后必须切断电源。

风险4：活动扳手开口调节过大、反打、用力过猛，扳手发生打滑，易导致物体打击。

控制措施：活动扳手使用时应根据螺栓大小调节开口，使固定端受力，平稳用力。

风险5：启动抽油机前，未按规定对抽油机周围进行检查，如果有障碍物或人员，易导致机械伤害。

控制措施：启动抽油机前，检查确认抽油机周围无障碍物和人员，然后启动抽油机。

风险6：启动抽油机操作时，接触配电柜前未验电，未戴绝缘手套，易导致人员触电。

控制措施：启动抽油机前，必须使用验电笔对配电柜进行检测，并佩戴绝缘手套进行操作。

风险7：送电时未侧身，易导致电弧灼伤。

控制措施：送电时，严禁身体的任何部位正对配电柜。

第十七节　游梁式抽油机一级保养操作

一、概述

抽油机运转一段时间后，机件磨损、松动，油料消耗、变质等，拧紧、加油、调整、更换零部件，可使抽油机长期正常运转，延长使用年限。一级保养每月进行一次，做好保养工作应按“十字”作业法进行。游梁式抽油机一级保养操作过程中，存在以下主要风险：人员触电、电弧灼伤、机械伤害、物体打击、高处坠落。

二、操作步骤

（一）准备

（1）600mm 管钳 1 把、300mm 活动扳手 1 把、375mm 活动扳手 1 把、450mm 活动扳手 1 把、300mm 一字螺丝刀 1 把、手钳 1 把、脚踏注油器 1 套、方卡子 1 副、钢丝刷 1 把、500mm 水平尺 1 把、毛刷 1 把、吊线锤 1 个、警示牌 1 块、试电笔 1 支、绝缘手套 1 副、安全带 2 副、砂纸若干、棉纱若干、黄油若干、机油若干、清洗油若干、铁丝 1 根、防腐漆若干、记录笔 1 支、记录本 1 本。

（2）穿戴好劳保用品。

（二）检查

（1）检查刹车行程合适。

（2）检查井口流程。

（三）操作

1. 停机

（1）戴绝缘手套、控制柜验电、按停止按钮，将游梁停在水平位置，拉紧刹车。

（2）断开空气开关，挂警示牌，锁好刹车制动板。

（3）搭建操作平台。

2. 清洁

（1）清除抽油机外部各处油污、泥土。

（2）清洗减速箱呼吸阀，保持呼吸通畅。

（3）检查电气设备外部线路完好，保证接触良好。

3. 紧固

（1）从下到上紧固支架、减速箱、曲柄销子、平衡块、曲柄、连杆等部位的连接螺栓、固定螺栓。

（2）上到支架平台上，系好安全带，从后往前依次紧固尾轴承、中轴承、驴头等部位的连接螺栓、固定螺栓以及顶丝。

（3）紧固电动机固定螺栓及顶丝。

4. 润滑

（1）在集中润滑点用脚踏注油器给中轴承、尾轴承、曲柄销子加足黄油，至挤出旧黄油为止，毛辫子涂抹钢丝绳脂。

（2）检查减速箱润滑油数量（在视窗的1/2～2/3）及质量，不足补加，变质更换。

5. 调整

（1）用吊线锤测量驴头与井口对中。

（2）卸掉皮带护罩，检查调整皮带“四点一线”、松紧度，安装好护罩。

（3）检查刹车张合度、刹车行程，并进行调整，检查刹车片磨损情况。

6. 防腐

对防腐漆脱落严重部位喷漆，做好防腐。

7. 启机

启动抽油机、检查抽油机运行状态，保证生产正常。

（四）结束操作

（1）清理现场，收拾工具。

（2）填写保养记录。

游梁式抽油机
一级保养操作

三、风险与防控措施

风险1：未检查刹车是否灵活好用，刹车失灵易导致机械伤害。

控制措施：检查刹车，刹车行程在1/2~2/3之间。

风险2：停抽油机操作时，接触配电柜前未验电，未戴绝缘手套，易导致人员触电。

控制措施：停抽油机前，必须使用验电笔对配电柜进行检测，并佩戴绝缘手套进行操作。

风险3：断电时未侧身，易导致电弧灼伤。

控制措施：断电时，严禁身体的任何部位正对配电柜。

风险4：停抽后未锁好刹车锁块，在操作时抽油机意外旋转，易导致高空坠落。

控制措施：停抽后必须锁好刹车锁块。

风险5：停机后未切断电源，抽油机意外启动，易导致机械伤害。

控制措施：停机后必须切断电源。

风险6：上、下操作平台时，手拿工具且未扶扶梯，易导致人员高处坠落。

控制措施：上、下操作平台时，必须手扶扶梯，严禁手拿工具。

风险7：在操作平台上操作未系安全带，易导致人员高处坠落。

控制措施：按要求系好安全带。

风险8：在操作平台摆放工具，易导致物体打击。

控制措施：禁止在操作平台摆放工具。

风险9：活动扳手开口调节过大、反打、用力过猛，扳手发生打滑，易导致物体打击。

控制措施：活动扳手使用时应根据螺栓大小调节开口，使固定端受力，平稳用力。

风险10：更换减速箱机油时污油随意排放或未按规定回收，易导致环境污染。

控制措施：污油必须按规定回收。

风险11：防腐过程中个人防护用具佩戴不全，易导致人员中毒、皮肤腐蚀和眼睛灼伤。

控制措施：必须佩戴防护手套、防护口罩和护目眼镜。

风险 12：非专业人员检查维护电气设备易导致人员触电。

控制措施：禁止非专业人员检查维护电气设备。

风险 13：启动抽油机前，未按规定对抽油机周围进行检查，如果有障碍物或人员，易导致机械伤害。

控制措施：启动抽油机前，检查确认抽油机周围无障碍物和人员，然后启动抽油机。

风险 14：启动抽油机操作时，接触配电柜前未验电，未戴绝缘手套，易导致人员触电。

控制措施：启动抽油机前，必须使用验电笔对配电柜进行检测，并佩戴绝缘手套进行操作。

风险 15：送电时未侧身，易导致电弧灼伤。

控制措施：送电时，严禁身体的任何部位正对配电柜。

第十八节 复合平衡抽油机调整冲程操作

一、概述

抽油机的冲程调整就是调整抽油井的“工作制度”。在抽油井管理中，满足地层供液能力的情况下，控制适当的液面深度，使深井泵有一定的沉没度，从而保证一定的泵效，控制油井的产液量，进而控制开发速度。复合平衡抽油机调整冲程操作过程中，存在以下主要风险：人员触电、电弧灼伤、机械伤害、物体打击、高处坠落。

二、操作步骤

（一）准备

（1）600mm 管钳 1 把、300mm 活动扳手 1 把、375mm 活动扳手 1 把、1m 撬杠 1 把、2m 加力管 1 根、冕型螺母套筒扳手 1 把、钢丝钳 1 把、一字螺丝刀 1 把、手锤 1 把、方卡子 1 副、卡瓦牙 1 副、石笔 1 支、150mm 游标卡尺 1 把、砂纸若干张、开口销子 2 个、铜棒 1 根、棕绳 2 根、500A 钳形电流表 1

块、500V 试电笔 1 支、警示牌 1 块、500V 绝缘手套 1 副、安全带 1 副、操作平台 1 座、平板锉 1 把、黄油若干、棉纱若干。

（2）穿戴好劳保用品。

（二）检查

（1）检查刹车行程合适。

（2）检查抽油机运行状态，确认调整冲程大小。

（三）操作

1. 停机

（1）戴绝缘手套，检查试电笔，控制柜验电，检查刹车是否灵活好用。

（2）按停止按钮，将抽油机停在便于操作的位置，拉紧刹车，断开空气开关。

（3）锁好刹车制动板、挂上警示牌。

2. 顶游梁顶丝

（1）上支架平台，挂好安全带，用撬杠松开游梁顶丝卡子，将顶丝旋出，顶在游梁上，穿好销子。

（2）旋紧顶丝，顶紧游梁。

3. 退出曲柄销

（1）卸掉油井护栏。

（2）用钢丝钳拔掉冕形螺母开口销子，用专用套筒扳手卸松冕形螺母。

（3）用铜棒垫在曲柄销子尾部，再用大锤将曲柄销子敲松，卸掉冕形螺母。

（4）用棕绳绑住连杆，拉出曲柄销子，用铜棒打出衬套。

4. 调冲程

（1）将预调冲程孔除锈，擦干净，用游标卡尺测量冲程孔与衬套的配合间隙，在曲柄孔内涂抹黄油，装上衬套。

（2）缓慢调整游梁顶丝，使两边曲柄销子进入需要调整的冲程孔内。

（3）放好压紧垫圈，对螺纹涂抹润滑脂，上紧冕形螺母。

（4）插好开口销子，做好防松动标记。

（5）缓慢松游梁顶丝，使曲柄吃负荷，取下穿口销子，将顶丝固定在支架上。

（6）安装防护栏。

5. 校对防冲距

（1）重新将抽油机停在水平位置偏上15°左右。

（2）搭建操作平台。

（3）井口打方卡子。

（4）根据所调冲程长度，重新校对防冲距（①调大冲程：1.8m调整到2.4m，光杆上提60cm；1.8m调整到3.0m，光杆上提1.2m；2.4m调整到3.0m，光杆上提60cm。②调小冲程：光杆下放同样长度），本项目为调大防冲距，即1.8m调整到2.4m，光杆上提60cm。

（5）检查调整效果，达到上不挂、下不碰。

6. 启动抽油机

（1）摘掉刹车制动板、警示牌，慢松刹车，使驴头带上载荷，卸掉井口方卡子，锉净光杆毛刺。

（2）启抽后观察曲柄销子无异响。

7. 检查

运转24h后，对调整部位的螺栓重新紧固。

（四）结束操作

（1）清理现场，收拾工具。

（2）填写设备运转记录。

复合平衡抽油机调整冲程操作

三、风险与防控措施

风险1：未检查刹车是否灵活好用，刹车失灵易导致机械伤害。

控制措施：检查刹车，刹车行程在1/2~2/3之间。

风险2：停抽油机操作时，接触配电柜前未验电，未戴绝缘手套，易导致人员触电。

控制措施：停抽油机前，必须使用验电笔对配电柜进行检测，并佩戴绝缘手套进行操作。

风险3：断电时未侧身，易导致电弧灼伤。

控制措施：断电时，严禁身体的任何部位正对配电柜。

风险4：停抽后未锁好刹车锁块，在操作时抽油机意外旋转，易导致机械伤害。

控制措施：停抽后必须锁好刹车锁块。

风险5：停机后未切断电源，抽油机意外启动，易导致机械伤害。

控制措施：停机后必须切断电源。

风险6：卸负荷时，方卡子未卡紧，卡瓦片飞出，易导致物体打击。

控制措施：严格按操作规程卡紧方卡子。

风险7：卸负荷时，方卡子未卡紧，发生溜车，易导致机械伤害。

控制措施：严格按操作规程卡紧方卡子。

风险8：安装倒链时未使用操作平台，两人配合不当，发生倒链滑落，易导致物体打击。

控制措施：安装倒链时必须使用操作平台，两人相互配合进行操作。

风险9：上、下操作平台时，手未扶扶梯，易导致人员高处坠落。

控制措施：上、下操作平台时，必须手扶扶梯，严禁手拿工具。

风险10：在操作平台上操作时未系安全带，易导致人员高处坠落。

控制措施：在操作平台上操作时，按要求系好安全带。

风险11：戴手套使用铜棒或手锤，易导致物体打击。

控制措施：使用铜棒或手锤时禁止戴手套。

风险12：在高处作业过程中工具掉落，易导致物体打击。

控制措施：在高处作业时必须使用工具袋，工具必须系安全绳。

风险13：将曲柄销装入冲程孔时，手扶位置不正确，易导致手指夹伤。

控制措施：将曲柄销装入冲程孔时，应用手掌将曲柄销总成平稳推入冲程孔。

风险14：带负荷时，方卡子未卡紧，卡瓦片飞出，易导致物体打击。

控制措施：严格按操作规程卡紧方卡子。

风险15：带负荷时，方卡子未卡紧，发生溜车，易导致机械伤害。

控制措施：严格按操作规程卡紧方卡子。

风险16：启动抽油机操作时，接触配电柜前未验电，未戴绝缘手套，易导致人员触电。

控制措施：启动抽油机前，必须使用验电笔对配电柜进行检测，并佩戴绝缘手套进行操作。

风险 17：送电时未侧身，易导致电弧灼伤。

控制措施：送电时，严禁身体的任何部位正对配电柜。

风险 18：运转 24h 后，未对调整部位的螺栓重新紧固，螺栓松动，易导致物体打击或设备损坏。

控制措施：运转 24h 后，及时对调整部位的螺栓重新紧固。

第十九节　复合平衡抽油机更换曲柄销总成操作

一、概述

曲柄销总成是抽油机上一个承载较大的运动部件，同时起着传递动力的作用，如果出现问题，将直接影响抽油机的正常运转，严重时出现翻机事故，造成重大的经济损失。对其进行维护和保养是抽油机日常管理中的重点内容之一。复合平衡抽油机曲柄销总成更换操作过程中，存在以下主要风险：人员触电、电弧灼伤、机械伤害、物体打击、高处坠落。

二、操作步骤

（一）准备

（1）大、小活动扳手各 1 把、撬杠 2 根、一字螺丝刀 1 把、中平锉 1 把、手锤 1 把、方卡子 1 副、冕型螺母套筒扳手 1 把、配套曲柄销子总成 1 个、安全带 1 副、倒链 1 副、钢丝刷 1 把、砂纸 1 张、机油壶 1 个、绝缘手套 1 副、试电笔 1 支、警示牌 1 个、钢丝绳 1 条、棕绳 1 条、黄油若干、棉纱若干、记录笔 1 支、记录本 1 本。

（二）检查

（1）检查流程，确认采气树各法兰连接处及阀门无外漏。

（2）检查刹车行程合适。

（三）操作

（1）戴绝缘手套，用试电笔测控制柜外壳有无漏电，打开柜门，按停止按钮断电，将驴头停在接近下死点的位置，关好柜门，刹紧刹车，挂警示牌。

（2）将倒链挂在抽油机驴头上，卸松四条扣环固定螺栓，用方卡子卡紧光杆，稍松刹车使方卡子坐在密封盒上，卸掉驴头负荷。

（3）调整倒链，挂上钢丝绳，将尾轴承与变速箱、驴头与井口分别拴住，并使钢丝绳绷紧。

（4）用手钳拔掉两边曲柄销上的开口销，用套筒扳手卸下冕型螺母，取下垫片，再将冕型螺母用手上到曲柄销子上，上到和曲柄销子螺纹平扣为止。

（5）用活动扳手将两边连杆销拉紧螺栓松开，用铜棒垫在曲柄销子，用手锤打松曲柄销子总成。

（6）用棕绳将连杆绑住固定，用撬杠撬出两边曲柄销子总成，将两边连杆与曲柄销子总成拉出，并绑在抽油机支架上，用铜棒垫在衬套上，将衬套打出。

（7）检查打出的销子和衬套有无磨损，如有磨损进行更换。

（8）将选定的衬套和冲程孔用棉纱擦干净涂上黄油，将衬套装入冲程孔内，清理曲柄销子表面并加黄油。

（9）用倒链调整曲柄销子位置，分别松左、右钢丝绳，使曲柄销子对准孔中心慢慢推进去。

（10）卸去连杆上的棕绳，放好垫片，拧紧冕型螺母及备帽，装好开口销子或上好盖板。

（11）卸下倒链下部钢丝绳，取下尾轴承与变速箱、驴头与井口两副倒链和钢丝绳。

（12）取出刹车锁块，稍松刹车，使驴头吃上负荷，卸去井口光杆密封盒上的方卡子，锉平毛刺。

（13）将驴头停在下死点，卡死光杆方卡子，根据计算好的数值调整防冲距。

（14）送电，按启动按钮，启动抽油机，关好柜门，确认生产正常。

（四）结束操作

（1）收拾工具、用具及材料，清理现场。

（2）填写相关记录。

复合平衡抽油机更换曲柄销总成操作

三、风险与防控措施

风险1：未检查刹车是否灵活好用，刹车失灵易导致机械伤害。

控制措施：检查刹车，刹车行程在1/2~2/3之间。

风险2：停抽油机操作时，接触配电柜前未验电，未戴绝缘手套，易导致人员触电。

控制措施：停抽油机前，必须使用验电笔对配电柜进行检测，并佩戴绝缘手套进行操作。

风险3：断电时未侧身，易导致电弧灼伤。

控制措施：断电时，严禁身体的任何部位正对配电柜。

风险4：停抽后未锁好刹车锁块，在操作时抽油机意外旋转，易导致机械伤害。

控制措施：停抽后必须锁好刹车锁块。

风险5：停机后未切断电源，抽油机意外启动，易导致机械伤害。

控制措施：停机后必须切断电源。

风险6：卸负荷时，方卡子未卡紧，卡瓦片飞出，易导致物体打击。

控制措施：严格按操作规程卡紧方卡子。

风险7：卸负荷时，手抓悬绳器，发生溜车，易导致机械伤害。

控制措施：卸负荷时，严禁手抓悬绳器。

风险8：倒链安装位置不正确，拉紧倒链时挂钩脱出，易导致物体打击。

控制措施：倒链必须用钢丝绳套，固定在抽油机底座吊环上。

风险9：上、下操作平台时，易导致人员高处坠落。

控制措施：上、下操作平台时，必须手扶扶梯，严禁手拿工具。

风险10：在操作平台上操作时未系安全带，易导致人员高处坠落。

控制措施：在操作平台上操作时，按要求系好安全带。

风险11：工具、用具使用方法不正确，易导致物体打击。

控制措施：正确选用工具、用具，平稳、规范操作。

风险12：在高处作业过程中工具掉落，易导致物体打击。

控制措施：在高处作业时必须使用工具袋，工具必须系安全绳。

风险13：戴手套使用铜棒或手锤，易导致物体打击。

控制措施：使用铜棒或手锤时禁止戴手套。

风险14：取出曲柄销总成时，两人配合不当，使曲柄销总成掉落，易导致物体打击。

控制措施：取出曲柄销总成时须两人配合平稳操作。

风险 15：将曲柄销装入冲程孔时，手扶位置不正确，易导致手指夹伤。

控制措施：将曲柄销装入冲程孔时，应用手掌将曲柄销总成平稳推入冲程孔。

风险 16：带负荷时，方卡子未卡紧，发生溜车，防脱接箍飞出，易导致物体打击。

控制措施：严格按操作规程卡紧方卡子。

风险 17：启动抽油机操作时，接触配电柜前未验电，未戴绝缘手套，易导致人员触电。

控制措施：启动抽油机前，必须使用验电笔对配电柜进行检测，并佩戴绝缘手套进行操作。

风险 18：送电时未侧身，易导致电弧灼伤。

控制措施：送电时，严禁身体的任何部位正对配电柜。

第二十节　复合平衡抽油机更换连杆操作

一、概述

连杆装置是传递动力的重要部件，它是由无缝钢管、上下接头组焊而成的。它由连杆、连杆销、曲柄销和曲柄轴承座及一个双列向心球面滚子轴承组成。上端由连杆销与横梁连接，下端靠锥面配合和螺栓紧固与轴承座相连，曲柄销紧固在曲柄上，连杆出问题容易造成翻机。复合平衡抽油机更换连杆操作过程中，存在以下主要风险：人员触电、电弧灼伤、机械伤害、物体打击、高处坠落、起重伤害。

二、操作步骤

（一）准备

（1）300mm、375mm、450mm 活动扳手各 1 把，撬杠 1 根，200mm 钢丝钳 1 把，平板锉 1 把，100mm 一字螺丝刀 1 把，手锤，500V 试电笔 1 支，棉纱若干，黄油 1 盒，钢丝刷 1 把，铜棒 1 根，砂纸 1 张，松动剂 1 瓶，方卡子

1 副，卡瓦牙 1 副，细棕绳 2 根，吊装钢丝绳 1 副，连杆 1 副，连杆衬套 1 副，吊车 1 台，卡车 1 辆，绝缘手套 1 副，安全带 2 副，安全帽 2 顶，记录笔 1 支，记录本 1 本。

（2）穿戴好劳保用品。

（二）停机卸载

（1）按抽油机启停操作规程将抽油机游梁停在水平位置，在密封盒上坐紧方卡子。

（2）卸驴头负荷，挂上锁块，搭建操作平台。

（三）吊下游梁

在游梁上挂好钢丝绳，两连杆绑好棕绳，卸掉悬绳器挡板，悬绳器与光杆分离，卸游梁 U 形螺栓，吊下游梁。

（四）更换连杆

（1）卸连杆固定螺栓，取掉定位锁板，打出连杆销子，取旧连杆和衬套，除锈、润滑。

（2）装上新衬套、新连杆、销子、锁板，上紧固定螺栓。

（五）吊装游梁

（1）新连杆绑棕绳，专人指挥起吊，将游梁缓慢吊装到中轴承座上。

（2）上支架操作平台，装 U 形螺栓，上紧螺母、备帽，紧固连杆与曲柄销子拉紧螺栓。

（3）取掉棕绳、吊装钢丝绳套，测量连杆与曲柄的两侧间隙。

（六）带载荷启动

（1）调正悬绳器，将光杆置于悬绳器内，装挡板，紧固螺栓，装好悬绳器方卡子。

（2）摘掉刹车锁块，慢松刹车，使驴头带上载荷，卸下密封盒上的方卡子，擦净光杆油污，锉掉毛刺，拆移操作平台。

（3）按抽油机启停操作规程启动抽油机，检查运转情况，24h 后重新紧固螺栓。

（4）填写相关记录。

复合平衡抽油机更换连杆操作

三、风险与防控措施

风险 1：未检查刹车是否灵活好用，刹车失灵易导致机械伤害。

控制措施：检查刹车，刹车行程在 1/2~2/3 之间。

风险 2：停抽油机操作时，接触配电柜前未验电，未戴绝缘手套，易导致人员触电。

控制措施：停抽油机前，必须使用验电笔对配电柜进行检测，并佩戴绝缘手套进行操作。

风险 3：断电时未侧身，易导致电弧灼伤。

控制措施：断电时，严禁身体的任何部位正对配电柜。

风险 4：停抽后未锁好刹车锁块，在操作时抽油机意外旋转，易导致机械伤害。

控制措施：停抽后必须锁好刹车锁块。

风险 5：停机后未切断电源，抽油机意外启动，易导致机械伤害。

控制措施：停机后必须切断电源。

风险 6：卸负荷时，方卡子未卡紧，卡瓦片飞出，易导致物体打击。

控制措施：严格按操作规程卡紧方卡子。

风险 7：卸负荷时，方卡子未卡紧，溜车，易导致机械伤害。

控制措施：严格按操作规程卡紧方卡子。

风险 8：上、下操作平台时，易导致人员高处坠落。

控制措施：上、下操作平台时，必须手扶扶梯，严禁手拿工具。

风险 9：在操作平台上操作未系安全带，易导致人员高处坠落。

控制措施：按要求系好安全带。

风险 10：在高处作业过程中工具掉落，易导致物体打击。

控制措施：在高处作业时必须使用工具袋，工具必须系安全绳。

风险 11：吊装游梁时，钢丝绳、棕绳捆绑不牢，易导致起重伤害。

控制措施：检查确认钢丝绳、棕绳固定牢固，并有专人指挥起吊，吊装范围内严禁站人。

风险 12：未使用牵引绳将游梁安装在中轴承上，易导致人身伤害。

控制措施：吊装时必须使用牵引绳。

风险 13：带负荷时，方卡子未卡紧，溜车，易导致机械伤害。

控制措施：严格按操作规程卡紧方卡子。

风险 14：带负荷时，方卡子未卡紧，卡瓦片飞出，易导致物体打击。

控制措施：严格按操作规程卡紧方卡子。

风险 15：启动抽油机前，未按规定对抽油机周围进行检查，如果有障碍物或人员，易导致机械伤害。

控制措施：启动抽油机前，检查确认抽油机周围无障碍物和人员，然后启动抽油机。

风险 16：启动抽油机操作时，接触配电柜前未验电，未戴绝缘手套，易导致人员触电。

控制措施：启动抽油机前，必须使用验电笔对配电柜进行检测，并佩戴绝缘手套进行操作。

风险 17：送电时未侧身，易导致电弧灼伤。

控制措施：送电时，严禁身体的任何部位正对配电柜。

风险 18：点启抽油机时操作过猛或刹车控制不当，易导致物体打击或机械伤害。

控制措施：点启抽油机时平稳操作并合理控制刹车。

风险 19：运转 24h 后，未对调整部位的螺栓重新紧固，螺栓松动，易导致设备损坏。

控制措施：运转 24h 后，及时对调整部位的螺栓重新紧固。

第二十一节　复合平衡抽油机更换尾轴承总成操作

一、概述

抽油机尾轴承总成是传递动力的重要部件，它上连游梁，下连横梁，轴承座内装有双列向心球面滚子轴承，可以微量补偿制造和安装的误差，保证抽油机的正常工作。复合平衡抽油机更换尾轴承总成操作过程中，存在以下主要风险：人员触电、电弧灼伤、机械伤害、物体打击、高处坠落、起重伤害。

二、操作步骤

（一）准备

（1）300mm 和 375mm 活动扳手各 1 把、平板锉 1 把、500mm 撬杠 1 根、细棕绳 2 根、吊装钢丝绳 1 副、500V 试电笔 1 支、绝缘手套 1 副、棉纱少许、黄油 1 盒、方卡子 1 副、安全带 2 副、安全帽 2 顶、钢丝刷 1 把、松动剂 1 瓶、尾轴承 1 副、黄油枪 1 把、吊车 1 台、卡车 1 辆、记录本 1 本、记录笔 1 支。

（2）穿戴好劳保用品。

（二）停机卸载

按抽油机启停操作规程将游梁停在水平位置，在密封盒上坐紧方卡子，卸载，挂锁块，搭建操作平台。

（三）吊下游梁

（1）在游梁上挂好钢丝绳，两连杆绑好棕绳，卸连杆与曲柄销拉紧螺栓，卸掉悬绳器挡板，悬绳器与光杆分离。

（2）卸游梁 U 形螺栓，吊下游梁。

（四）更换尾轴承

（1）松顶丝，卸掉尾轴承与游梁连接螺栓，移开游梁，卸下尾轴承与横梁的连接螺栓，取下旧尾轴承。

（2）装新尾轴承与横梁连接螺栓，移动游梁与尾轴承螺孔对正，装连接螺栓。

（3）润滑保养尾轴承，上紧顶丝。

（五）吊装游梁

（1）连杆绑棕绳，专人指挥起吊，将游梁缓慢吊装到中轴承座上。

（2）上支架操作平台，装 U 形螺栓，上紧螺母、备帽，对正紧固中轴承顶丝，紧固连杆与曲柄销子拉紧螺栓，取掉棕绳、吊装钢丝绳套。

（六）带载荷启动

（1）调正悬绳器，将光杆置于悬绳器内，装挡板，紧固螺栓，装好悬绳器方卡子。

（2）摘掉刹车锁块，慢松刹车，使驴头带上载荷，卸下密封盒上的方卡子，擦净光杆油污，锉掉毛刺，拆移操作平台。

（3）按抽油机启停操作规程启动抽油机，检查运转情况，24h 后重新紧固螺栓。

（七）结束操作

填写工作记录。

三、风险与防控措施

风险 1：未检查刹车是否灵活好用，刹车失灵易导致机械伤害。

控制措施：检查刹车，刹车行程在 1/2~2/3 之间。

风险 2：停抽油机操作时，接触配电柜前未验电，未戴绝缘手套，易导致人员触电。

控制措施：停抽油机前，必须使用验电笔对配电柜进行检测，并佩戴绝缘手套进行操作。

风险 3：断电时未侧身，易导致电弧灼伤。

控制措施：断电时，严禁身体的任何部位正对配电柜。

风险 4：停抽后未锁好刹车锁块，在操作时抽油机意外旋转，易导致机械伤害。

控制措施：停抽后必须锁好刹车锁块。

风险 5：停机后未切断电源，抽油机意外启动，易导致机械伤害。

控制措施：停机后必须切断电源。

风险 6：卸负荷时，方卡子未卡紧，卡瓦片飞出，易导致物体打击。

控制措施：严格按操作规程卡紧方卡子。

风险 7：卸负荷时，方卡子未卡紧，溜车，易导致机械伤害。

控制措施：严格按操作规程卡紧方卡子。

风险 8：上、下操作平台时，易导致人员高处坠落。

控制措施：上、下操作平台时，必须手扶扶梯，严禁手拿工具。

风险 9：在操作平台上操作未系安全带，易导致人员高处坠落。

控制措施：按要求系好安全带。

风险 10：在高处作业过程中工具掉落，易导致物体打击。

控制措施：在高处作业时必须使用工具袋，工具必须系安全绳。

风险 11：吊装游梁时，钢丝绳、棕绳捆绑不牢，易导致起重伤害。

控制措施：检查确认钢丝绳、棕绳固定牢固，并有专人指挥起吊，吊装范围内严禁站人。

风险 12：未使用牵引绳将游梁安装在中轴承上，易导致人身伤害。

控制措施：吊装时必须使用牵引绳。

风险 13：带负荷时，方卡子未卡紧，卡瓦片飞出，易导致物体打击。

控制措施：严格按操作规程卡紧方卡子。

风险 14：带负荷时，方卡子未卡紧，溜车，易导致机械伤害。

控制措施：严格按操作规程卡紧方卡子。

风险 15：启动抽油机前，未按规定对抽油机周围进行检查，如果有障碍物或人员，易导致机械伤害。

控制措施：启动抽油机前，检查确认抽油机周围无障碍物和人员，然后启动抽油机。

风险 16：启动抽油机操作时，接触配电柜前未验电，未戴绝缘手套，易导致人员触电。

控制措施：启动抽油机前，必须使用验电笔对配电柜进行检测，并佩戴绝缘手套进行操作。

风险 17：送电时未侧身，易导致电弧灼伤。

控制措施：送电时，严禁身体的任何部位正对配电柜。

风险 18：点启抽油机时操作过猛或刹车控制不当，易导致物体打击或机械伤害。

控制措施：点启抽油机时平稳操作并合理控制刹车。

风险 19：运转 24h 后，未对调整部位的螺栓重新紧固，螺栓松动，易导致设备损坏。

控制措施：运转 24h 后，及时对调整部位的螺栓重新紧固。

第二十二节 复合平衡抽油机更换支架操作

一、概述

抽油机支架是由型钢组焊成四条腿的塔形结构，其下部与底座相连接，顶端有支座，与游梁相连，支架前侧有梯子，供安装和检修时使用，支架是杠杆原理的支点。复合平衡抽油机更换支架操作过程中，存在以下主要风险：人员触电、电弧灼伤、机械伤害、物体打击、高处坠落、起重伤害。

二、操作步骤

（一）准备

（1）300mm 和 375mm 活动扳手各 1 把、平板锉 1 把、吊线锤 1 个、500mm 撬杠 1 根、200mm 钢丝钳 1 把、手锤 1 把、水平尺 1 把、游标卡尺 1 副、垫片若干、方卡子 1 副、吊车 1 台、卡车 1 辆、棕绳 1 根、吊装钢丝绳 1 副、500V 试电笔 1 支、2500V 绝缘手套 1 副、棉纱若干、黄油 1 盒、砂纸 2 张、安全带 2 副、安全帽 2 顶、操作平台 1 个、钢丝刷 1 把、游梁支架 1 副、记录本 1 本、记录笔 1 支。

（2）穿戴好劳保用品。

（二）停机卸载

（1）按抽油机启停操作将游梁停在水平位置，在密封盒上坐紧方卡子。

（2）卸载，挂锁块，搭建操作平台。

（三）吊游梁

（1）在游梁上挂好钢丝绳，两连杆绑好棕绳，卸连杆与曲柄销子拉紧螺栓，卸掉悬绳器挡板，悬绳器与光杆分离。

（2）卸游梁 U 形螺栓，吊下游梁。

（四）更换支架

（1）卸下支架固定螺栓后，吊车平稳将支架吊下。

（2）吊上新支架，穿上螺栓，并调整支架上平面的纵横水平度，与基础中心线对中，上紧固定螺栓。

（五）吊装游梁

（1）连杆绑棕绳，专人指挥起吊，将游梁缓慢吊装到中轴承座上，并检查驴头对中。

（2）上支架操作平台，装 U 形螺栓，上紧螺母、备帽，上紧顶丝、固定螺栓，紧固连杆与曲柄销子连接螺栓，取掉棕绳、钢丝绳套。

（六）带负荷启动

（1）调正悬绳器，将光杆置于悬绳器内，装挡板，紧固螺栓，装好悬绳器方卡子。

（2）摘掉刹车锁块，慢松刹车，带上载荷，卸下密封盒上的方卡子，擦净光杆油污，锉掉毛刺，拆移操作平台。

（3）按抽油机启停操作启动抽油机，检查运转情况，24h后重新紧固连接螺栓。

（4）填写工作记录。

复合平衡抽油机更换支架操作

三、风险与防控措施

风险1：未检查刹车是否灵活好用，刹车失灵易导致机械伤害。

控制措施：检查刹车，刹车行程在1/2~2/3之间。

风险2：停抽油机操作时，接触配电柜前未验电，未戴绝缘手套，易导致人员触电。

控制措施：停抽油机前，必须使用验电笔对配电柜进行检测，并佩戴绝缘手套进行操作。

风险3：断电时未侧身，易导致电弧灼伤。

控制措施：断电时，严禁身体的任何部位正对配电柜。

风险4：停抽后未锁好刹车锁块，在操作时抽油机意外旋转，易导致机械伤害。

控制措施：停抽后必须锁好刹车锁块。

风险5：停机后未切断电源，抽油机意外启动，易导致机械伤害。

控制措施：停机后必须切断电源。

风险6：卸负荷时，方卡子未卡紧，卡瓦片飞出，易导致物体打击。

控制措施：严格按操作规程卡紧方卡子。

风险7：卸负荷时，方卡子未卡紧，溜车，易导致机械伤害。

控制措施：严格按操作规程卡紧方卡子。

风险8：上、下操作平台时，易导致人员高处坠落。

控制措施：上、下操作平台时，必须手扶扶梯，严禁手拿工具。

风险 9：在操作平台上操作未系安全带，易导致人员高处坠落。

控制措施：按要求系好安全带。

风险 10：在高处作业过程中工具掉落，易导致物体打击。

控制措施：在高处作业时必须使用工具袋，工具必须系安全绳。

风险 11：吊装游梁时，钢丝绳、棕绳捆绑不牢，易导致起重伤害。

控制措施：检查确认钢丝绳、棕绳固定牢固，并有专人指挥起吊，吊装范围内严禁站人。

风险 12：吊下支架时，钢丝绳、棕绳捆绑不牢，易导致起重伤害。

控制措施：检查确认钢丝绳、棕绳固定牢固，并有专人指挥起吊，吊装范围内严禁站人。

风险 13：未使用牵引绳将游梁安装在中轴承上，易导致人身伤害。

控制措施：吊装时必须使用牵引绳。

风险 14：带负荷时，方卡子未卡紧，卡瓦片飞出，易导致物体打击。

控制措施：严格按操作规程卡紧方卡子。

风险 15：带负荷时，方卡子未卡紧，溜车，易导致机械伤害。

控制措施：严格按操作规程卡紧方卡子。

风险 16：启动抽油机前，未按规定对抽油机周围进行检查，如果有障碍物或人员，易导致机械伤害。

控制措施：启动抽油机前，检查确认抽油机周围无障碍物和人员，然后启动抽油机。

风险 17：启动抽油机操作时，接触配电柜前未验电，未戴绝缘手套，易导致人员触电。

控制措施：启动抽油机前，必须使用验电笔对配电柜进行检测，并佩戴绝缘手套进行操作。

风险 18：送电时未侧身，易导致电弧灼伤。

控制措施：送电时，严禁身体的任何部位正对配电柜。

风险 19：点启抽油机时操作过猛或刹车控制不当，易导致物体打击或机械伤害。

控制措施：点启抽油机时平稳操作并合理控制刹车。

风险 20：运转 24h 后，未对调整部位的螺栓重新紧固，螺栓松动，易导致设备损坏。

控制措施：运转 24h 后，及时对调整部位的螺栓重新紧固。

第二十三节　复合平衡抽油机更换毛辫子操作

一、概述

毛辫子是抽油机的一个重要组成部分，它既要承受井筒内全部杆柱和液体的重力，还要克服与驴头之间的摩擦力。承受往复运动的冲击力、摩擦和雨水侵蚀，毛辫子很容易出现断股，因此，更换毛辫子是采油现场中经常遇到的问题。复合平衡抽油机更换毛辫子操作过程中，存在以下主要风险：人员触电、电弧灼伤、机械伤害、物体打击、高处坠落。

二、操作步骤

（一）准备

（1）200mm 钢丝钳 1 把、300mm 活动扳手 1 把、375mm 活动扳手 1 把、锉刀 1 把、500mm 撬杠 1 把、方卡子 1 副、卡瓦牙 2 片、新毛辫子 1 根、15mm 棕绳 1 根、石笔 1 根、安全帽 2 顶、安全带 2 副、试电笔 1 支、绝缘手套 1 副、擦布 1 块、记录笔 1 支、记录本 1 本。

（2）穿戴好劳保用品。

（二）检查

（1）检查抽油机运行状态。

（2）检查刹车行程是否合适。

（三）操作

（1）戴绝缘手套，验电，检查刹车，将抽油机停在接近下死点位置，刹紧刹车，断开空气开关、挂警示牌。

（2）在密封盒上卡紧方卡子。

（3）取下警示牌、慢松刹车，合上空气开关，在工频状态下点启抽油机，卸掉驴头负荷，拉紧刹车，断开空气开关，锁好刹车制动板，挂警示牌。

（4）在悬绳器上方卡子位置做记号，卸掉方卡子，取下 U 形载荷传感器，卸掉悬绳器盖板，使悬绳器与光杆分离，将工字卡下放到密封盒上。

(5) 一人上到游梁上，挂好安全带，拔掉驴头上方固定悬绳器销子，用棕绳捆绑，缓慢卸下悬绳器及毛辫子。

(6) 换上同规格的新毛辫子，并将其用棕绳悬挂在驴头上方的悬挂器上，穿好销子。

(7) 安装工字卡，将光杆置于悬绳器凹槽中，上好悬绳器盖板，装上 U 形载荷传感器，挂好挂钩，慢松刹车，使悬绳器移动到原位置，在做记号处卡紧方卡子，检查并调整悬绳器。

(8) 取下警示牌、摘掉刹车制动板，慢松刹车，使驴头带上载荷。

(9) 拉紧刹车，挂好制动板，挂警示牌。

(10) 卸掉密封盒上的方卡子，擦净光杆油污，锉净毛刺。

(11) 检查抽油机周围无障碍物，取下警示牌、摘掉刹车制动板，慢松刹车，合上空气开关，变频启动抽油机。

(12) 检查更换情况，确保生产正常。

(四) 结束操作

(1) 收拾工具，清理现场。

(2) 填写记录。

复合平衡抽油机更换毛辫子操作

三、风险与防控措施

风险 1：未检查刹车是否灵活好用，刹车失灵易导致机械伤害。

控制措施：检查刹车，刹车行程在 1/2~2/3 之间。

风险 2：停抽油机操作时，接触配电柜前未验电，未戴绝缘手套，易导致人员触电。

控制措施：停抽油机前，必须使用验电笔对配电柜进行检测，并佩戴绝缘手套进行操作。

风险 3：断电时未侧身，易导致电弧灼伤。

控制措施：断电时，严禁身体的任何部位正对配电柜。

风险 4：停抽后未锁好刹车锁块，在操作时抽油机意外旋转，易导致机械伤害。

控制措施：停抽后必须锁好刹车锁块。

风险 5：停机后未切断电源，抽油机意外启动，易导致机械伤害。

控制措施：停机后必须切断电源。

风险 6：卸负荷时，方卡子未卡紧，发生溜车，易导致机械伤害。

控制措施：严格按操作规程卡紧方卡子。

风险 7：上、下操作平台时，手拿工具且未扶扶梯，易导致人员高处坠落。

控制措施：上、下操作平台时，必须手扶扶梯，严禁手拿工具。

风险 8：在高处作业过程中工具掉落，易导致物体打击。

控制措施：在高处作业时必须使用工具袋。

风险 9：游梁上操作时，脚下打滑或踩空，易导致高处坠落。

控制措施：高处作业时要系好安全带，站稳操作。

风险 10：用棕绳吊下旧毛辫子时两人配合不当，易导致物体打击。

控制措施：用棕绳吊下旧毛辫子时，两人配合平稳操作，驴头下方禁止站人。

风险 11：装入新毛辫子时未放入悬挂盘卡槽内或定位销未旋紧，毛辫子脱出，易导致物体打击。

控制措施：检查确认新毛辫子放入悬挂盘卡槽内并旋紧定位销。

风险 12：装毛辫子时手抓钢丝绳，易导致人员手指夹伤或划伤。

控制措施：用棕绳将毛辫子平稳吊起，靠自重将其放入悬挂盘卡槽内。

风险 13：带负荷时，方卡子未卡紧，发生溜车，易导致机械伤害。

控制措施：严格按操作规程卡紧方卡子。

风险 14：启动抽油机前，未按规定对抽油机周围进行检查，如果有障碍物或人员，易导致机械伤害。

控制措施：启动抽油机前，检查确认抽油机周围无障碍物和人员，然后启动抽油机。

风险 15：启动抽油机操作时，接触配电柜前未验电，未戴绝缘手套，易导致人员触电。

控制措施：启动抽油机前，必须使用验电笔对配电柜进行检测，并佩戴绝缘手套进行操作。

风险 16：送电时未侧身，易导致电弧灼伤。

控制措施：送电时，严禁身体的任何部位正对配电柜。

第二十四节 弯梁变矩抽油机更换游梁操作

一、概述

游梁是由钢板组焊而成的箱形结构，前段连接驴头，承担井下杆柱和液柱重量，后部连接横梁传递动力，是一个重要反向受力部件。弯梁变矩抽油机更换游梁操作过程中，存在以下主要风险：人员触电、电弧灼伤、机械伤害、物体打击、高处坠落、起重伤害。

二、操作步骤

（一）准备

（1）300mm 和 375mm 活动扳手各 1 把、500mm 撬杠 1 根、450mm 管钳 1 把、300mm 平板锉 1 把、黄油枪 1 支、棕绳 1 根、钢丝绳套 1 副、2500V 绝缘手套 1 副、棉纱若干、黄油 1 盒、方卡子 1 副、手锤 1 把、500V 试电笔 1 支、吊车 1 台、卡车 1 辆、安全带 2 副、安全帽 2 顶、钢丝刷 1 把、记录本 1 本、记录笔 1 支。

（2）穿戴好劳保用品。

（二）停机卸载

（1）按抽油机启停操作将抽油机游梁停在水平位置，在密封盒上坐紧方卡子，卸驴头负荷。

（2）拉紧刹车，断电，挂好锁块、警示牌，搭建操作平台。

（三）吊平衡臂与驴头

（1）平衡臂挂钢丝绳，松顶丝，吊下平衡臂。

（2）卸悬绳器挡板，使悬绳器与光杆分离，驴头挂钢丝绳，取出驴头销子，吊下驴头。

（四）换游梁

（1）游梁挂好钢丝绳，吊车大钩轻吃载荷，在两连杆下端绑上棕绳，卸下两连杆与曲柄销子拉紧螺栓，上支架操作平台，卸下 U 形螺栓，吊下旧游梁、卸下游梁与尾轴承连接螺栓，移开旧游梁。

（2）专人指挥起吊新游梁，与尾轴承连接螺栓孔对正，穿螺杆，上紧螺母。

（3）将新游梁缓慢吊装到中轴承座上。

（4）上支架平台，装 U 形螺栓，上紧螺母、备帽，连接连杆与曲柄销子拉紧螺栓，取掉棕绳和吊装钢丝绳套，测量连杆与曲柄的两侧间隙。

（五）装驴头和平衡臂

吊起驴头装在游梁上，对正驴头销子孔，插好驴头销子，取下钢丝绳套，吊装平衡臂，上紧顶丝，取下钢丝绳套。

（六）带上负荷

（1）调正悬绳器，将光杆置于悬绳器内，装挡板并上紧螺栓。

（2）摘掉警示牌、刹车锁块，慢松刹车，使驴头带上载荷，卸下密封盒上的方卡子，擦净光杆油污，锉掉毛刺。

（七）启动

按抽油机启停操作启动抽油机。

（八）结束操作

填写工作记录。

弯梁变矩抽油机更换游梁操作

三、风险与防控措施

风险 1：未检查刹车是否灵活好用，刹车失灵易导致机械伤害。

控制措施：检查刹车，刹车行程在 1/2~2/3 之间。

风险 2：停抽油机操作时，接触配电柜前未验电，未戴绝缘手套，易导致人员触电。

控制措施：停抽油机前，必须使用验电笔对配电柜进行检测，并佩戴绝缘手套进行操作。

风险 3：断电时未侧身，易导致电弧灼伤。

控制措施：断电时，严禁身体的任何部位正对配电柜。

风险4：停抽后未锁好刹车锁块，在操作时抽油机意外旋转，易导致机械伤害。

控制措施：停抽后必须锁好刹车锁块。

风险5：停机后未切断电源，抽油机意外启动，易导致机械伤害。

控制措施：停机后必须切断电源。

风险6：卸负荷时，方卡子未卡紧，卡瓦片飞出，易导致物体打击。

控制措施：严格按操作规程卡紧方卡子。

风险7：卸负荷时，方卡子未卡紧，溜车，易导致机械伤害。

控制措施：严格按操作规程卡紧方卡子。

风险8：上、下操作平台时，易导致人员高处坠落。

控制措施：上、下操作平台时，必须手扶扶梯，严禁手拿工具。

风险9：在操作平台上操作未系安全带，易导致人员高处坠落。

控制措施：按要求系好安全带。

风险10：在高处作业过程中工具掉落，易导致物体打击。

控制措施：在高处作业时必须使用工具袋，工具必须系安全绳。

风险11：吊装平衡臂与驴头时，钢丝绳、棕绳捆绑不牢，易导致起重伤害。

控制措施：检查确认钢丝绳、棕绳固定牢固，并有专人指挥起吊，吊装范围内严禁站人。

风险12：吊装游梁时，钢丝绳、棕绳捆绑不牢，易导致起重伤害。

控制措施：检查确认钢丝绳、棕绳固定牢固，并有专人指挥起吊，吊装范围内严禁站人。

风险13：未使用牵引绳将游梁安装在中轴承上，易导致人身伤害。

控制措施：吊装时必须使用牵引绳。

风险14：带负荷时，方卡子未卡紧，卡瓦片飞出，易导致物体打击。

控制措施：严格按操作规程卡紧方卡子。

风险15：带负荷时，方卡子未卡紧，溜车，易导致机械伤害。

控制措施：严格按操作规程卡紧方卡子。

风险16：启动抽油机前，未按规定对抽油机周围进行检查，如果有障碍物或人员，易导致机械伤害。

控制措施：启动抽油机前，检查确认抽油机周围无障碍物和人员，然后启动抽油机。

风险17：启动抽油机操作时，接触配电柜前未验电，未戴绝缘手套，易导致人员触电。

控制措施：启动抽油机前，必须使用验电笔对配电柜进行检测，并佩戴绝缘手套进行操作。

风险 18：送电时未侧身，易导致电弧灼伤。

控制措施：送电时，严禁身体的任何部位正对配电柜。

风险 19：点启抽油机时操作过猛或刹车控制不当，易导致物体打击或机械伤害。

控制措施：点启抽油机时平稳操作并合理控制刹车。

风险 20：运转 24h 后，未对调整部位的螺栓重新紧固，螺栓松动，易导致设备损坏。

控制措施：运转 24h 后，及时对调整部位的螺栓重新紧固。

第二十五节 复合平衡抽油机更换中轴承操作

一、概述

中轴承由芯轴、轴承座和两个单列向心短圆柱滚子轴承组成，游梁支撑安装在支架顶部的支座上，由于井口中心与游梁中心线并不在一条直线上，使游梁产生侧向力，游梁两面的螺栓受力不均匀，中轴承在反复的交变拉伸和剪切载荷共同作用下，易产生缺陷。复合平衡抽油机更换中轴承操作过程中，存在以下主要风险：人员触电、电弧灼伤、机械伤害、物体打击、高处坠落、起重伤害。

二、操作步骤

（一）准备

（1）300mm、375mm、450mm 活动扳手各 1 把，450mm 管钳 1 把，300mm 平板锉 1 把，500mm 撬杠 1 把，200mm 钢丝钳 1 把，手锤 1 把，水平尺 1 把，游标卡尺 1 把，薄垫片若干，方卡子 1 副，中轴承总成 1 套，棕绳 1 根，吊装钢丝绳套 1 副，钢丝刷 1 把，500V 试电笔 1 支，2500V 绝缘手套 1 副，棉纱若干，黄油 1 盒，砂纸 2 张，安全带 1 副，安全帽 1 顶，操作平台 1 个，吊车 1 台，警示牌 1 块，记录本 1 本，记录笔 1 支。

（2）穿戴好劳保用品。

（二）停机卸载

（1）按抽油机启停操作将抽油机游梁停在水平位置，在密封盒上坐紧方卡子，卸驴头负荷，拉紧刹车，断电。

（2）挂好锁块、警示牌，搭建操作平台。

（三）吊下游梁

按更换游梁操作，将游梁、连杆机构一起吊下。

（四）装中轴承

（1）卸松中轴承顶丝，卸掉固定螺栓，卸下旧中轴承。

（2）测量支架顶端平面纵横水平，吊装新中轴承，装上固定螺栓。

（五）吊装游梁

（1）按更换游梁操作将游梁、连杆机构一起吊装。

（2）装上中轴承固定螺栓，紧固连杆与曲柄销子连接螺栓。

（六）调整对中

（1）检查驴头对中，上紧中轴承固定螺栓、顶丝，将光杆放入悬绳器内，上紧挡板，调正悬绳器。

（2）取下钢丝绳套，移开吊车。

（七）启动

（1）摘下刹车锁块、警示牌，慢松刹车，带上载荷，卸下密封盒上的方卡子，擦净光杆油污，拆移操作平台。

（2）清除抽油机周围障碍物，收拾工具用具。

（3）慢松刹车，送电，启动抽油机，运转24h后检查，紧固连接螺栓。

（八）结束操作

填写工作记录。

三、风险与防控措施

复合平衡抽油机
更换中轴承操作

风险1：未检查刹车是否灵活好用，刹车失灵易导致机械伤害。

控制措施：检查刹车，刹车行程在1/2~2/3之间。

风险2：停抽油机操作时，接触配电柜前未验电，未戴绝缘手套，易导致人员触电。

控制措施：停抽油机前，必须使用验电笔对配电柜进行检测，并佩戴绝缘手套进行操作。

风险3：断电时未侧身，易导致电弧灼伤。

控制措施：断电时，严禁身体的任何部位正对配电柜。

风险4：停抽后未锁好刹车锁块，在操作时抽油机意外旋转，易导致机械伤害。

控制措施：停抽后必须锁好刹车锁块。

风险5：停机后未切断电源，抽油机意外启动，易导致机械伤害。

控制措施：停机后必须切断电源。

风险6：卸负荷时，方卡子未卡紧，卡瓦片飞出，易导致物体打击。

控制措施：严格按操作规程卡紧方卡子。

风险7：卸负荷时，方卡子未卡紧，溜车，易导致机械伤害。

控制措施：严格按操作规程卡紧方卡子。

风险8：上、下操作平台时，易导致人员高处坠落。

控制措施：上、下操作平台时，必须手扶扶梯，严禁手拿工具。

风险9：在驴头及操作平台上操作未系安全带，易导致人员高处坠落。

控制措施：按要求系好安全带。

风险10：在高处作业过程中工具掉落，易导致物体打击。

控制措施：在高处作业时必须使用工具袋，工具必须系安全绳。

风险11：吊装游梁时，钢丝绳、棕绳捆绑不牢，易导致起重伤害。

控制措施：检查确认钢丝绳、棕绳固定牢固，并有专人指挥起吊，吊装范围内严禁站人。

风险12：吊装中轴承时，钢丝绳、棕绳捆绑不牢，易导致起重伤害。

控制措施：检查确认钢丝绳、棕绳固定牢固，并有专人指挥起吊，吊装范围内严禁站人。

风险13：带负荷时，方卡子未卡紧，卡瓦片飞出，易导致物体打击。

控制措施：严格按操作规程卡紧方卡子。

风险14：带负荷时，方卡子未卡紧，溜车，易导致机械伤害。

控制措施：严格按操作规程卡紧方卡子。

风险 15：启动抽油机前，未按规定对抽油机周围进行检查，如果有障碍物或人员，易导致机械伤害。

控制措施：启动抽油机前，检查确认抽油机周围无障碍物和人员，然后启动抽油机。

风险 16：启动抽油机操作时，接触配电柜前未验电，未戴绝缘手套，易导致人员触电。

控制措施：启动抽油机前，必须使用验电笔对配电柜进行检测，并佩戴绝缘手套进行操作。

风险 17：送电时未侧身，易导致电弧灼伤。

控制措施：送电时，严禁身体的任何部位正对配电柜。

风险 18：点启抽油机时操作过猛或刹车控制不当，易导致物体打击或机械伤害。

控制措施：点启抽油机时平稳操作并合理控制刹车。

风险 19：运转 24h 后，未对调整部位的螺栓重新紧固，螺栓松动，易导致设备损坏。

控制措施：运转 24h 后，及时对调整部位的螺栓重新紧固。

第二十六节　复合平衡抽油机更换减速箱操作

一、概述

减速箱是抽油机的核心部件之一，也是非常重要的运转部件，发挥着传动力和增加扭矩的作用，并能有效对抽油机进行减速，由于长期运转，再加上得不到有效维修保养，就会出现很多故障，对正常的安全生产造成了很大影响。复合平衡抽油机更换减速箱操作过程中，存在以下主要风险：人员触电、电弧灼伤、机械伤害、物体打击、高处坠落、起重伤害。

二、操作步骤

（一）准备

（1）250mm、300mm、375mm、450mm 活动扳手各 1 把，专用敲击

扳手1把，450mm管钳1把，500mm撬杠1根，300mm平板锉1把，200mm钢丝钳1把，手锤1把，钢丝刷1把，砂纸若干，铁丝若干，棉纱少许，黄油1盒，吊线锤1个，方卡子1副，棕绳1根、钢丝绳套、吊装钢丝绳套各1副，吊车1台，卡车1辆，操作平台1个，减速箱1台，安全带1副，安全帽1顶，500V试电笔1支、绝缘手套1副，记录笔1支，记录本1本。

（2）穿戴好劳保用品。

（二）停机卸载

（1）将游梁停在水平位置（曲柄向前），按停止按钮，拉紧刹车，切断电源，挂上锁块、警示牌。

（2）在密封盒上坐紧方卡子，摘掉警示牌、刹车锁块，慢松刹车，点启抽油机，卸载荷。

（3）拉紧刹车，断电，挂好锁块，挂好警示牌。

（三）分离连杆和曲柄

（1）卸皮带防护罩和皮带。

（2）吊车将游梁吊住，两连杆绑好棕绳，卸掉连杆与曲柄销子连接螺栓，拉棕绳将连杆分开，卸密封盒挡板螺栓，悬绳器与光杆分离。

（四）吊下游梁平衡块

（1）按抽油机更换游梁操作，将游梁、连杆机构一起吊下。

（2）卸下平衡块锁块螺栓、平衡块固定螺栓，用吊车将两块平衡块吊下。

（3）摘掉刹车锁块，松刹车，利用吊车将曲柄摆到向后水平位置，卸下另外两块平衡块，并使曲柄处于自然垂直位置。

（五）吊下减速箱

（1）检查刹车锁块挂牢，卸掉减速箱底座固定螺栓，卸刹车纵向拉杆。

（2）减速箱挂上钢丝绳套，绑好棕绳，人员撤离，专人指挥吊车平稳起吊，把减速箱平稳放在地面，取下绳套。

（六）吊装新减速箱

（1）平稳起吊新减速箱，调整减速箱中心线与箱体底座中心线对正，对角上紧两条螺栓，穿上其余螺杆，上紧螺母和备帽。

（2）取下棕绳，松吊车，取下钢丝绳套，装上刹车拉杆，调整刹车间隙和行程，安装皮带，调整松紧度及“四点一线”，装上皮带护罩。

（七）安装游梁连杆机构平衡块

（1）平衡块螺栓穿入曲柄滑轨槽内，用吊车将平衡块吊在曲柄上，装上锁块螺栓，紧固平衡块固定螺栓、锁块螺栓，用同样的方法装上另外一块平衡块。

（2）摘下刹车锁块，慢松刹车用吊车将曲柄移到向后水平位置，拉紧刹车挂好锁块，用同样的方法装上另外一组平衡块。

（3）按抽油机更换游梁操作，将游梁、连杆机构一起吊装，装上中轴承固定螺栓，紧固连杆与曲柄销子连接螺栓。

（4）检查减速箱润滑油液位在视窗 1/2~2/3 之间。

（八）检查对中

检查驴头对中，上紧中轴承固定螺栓、顶丝，将光杆放入悬绳器内，上紧挡板，调正悬绳器。

（九）启动

按抽油机启停操作启动，运转 24h 后重新紧固连接螺栓。

复合平衡抽油机更换减速箱操作

（十）结束操作

填写工作记录。

三、风险与防控措施

风险 1：未检查刹车是否灵活好用，刹车失灵易导致机械伤害。

控制措施：检查刹车，刹车行程在 1/2~2/3 之间。

风险 2：停抽油机操作时，接触配电柜前未验电，未戴绝缘手套，易导致人员触电。

控制措施：停抽油机前，必须使用验电笔对配电柜进行检测，并佩戴绝缘手套进行操作。

风险 3：断电时未侧身，易导致电弧灼伤。

控制措施：断电时，严禁身体的任何部位正对配电柜。

风险4：停抽后未锁好刹车锁块，在操作时抽油机意外旋转，易导致机械伤害。

控制措施：停抽后必须锁好刹车锁块。

风险5：停机后未切断电源，抽油机意外启动，易导致机械伤害。

控制措施：停机后必须切断电源。

风险6：卸负荷时，方卡子未卡紧，卡瓦片飞出，易导致物体打击。

控制措施：严格按操作规程卡紧方卡子。

风险7：卸负荷时，方卡子未卡紧，溜车，易导致机械伤害。

控制措施：严格按操作规程卡紧方卡子。

风险8：分离连杆和曲柄时，未使用牵引绳，易导致人身伤害。

控制措施：吊装时必须使用牵引绳。

风险9：上、下操作平台时，易导致人员高处坠落。

控制措施：上、下操作平台时，必须手扶扶梯，严禁手拿工具。

风险10：在驴头及操作平台上操作未系安全带，易导致人员高处坠落。

控制措施：按要求系好安全带。

风险11：在高处作业过程中工具掉落，易导致物体打击。

控制措施：在高处作业时必须使用工具袋，工具必须系安全绳。

风险12：吊装游梁、平衡块时，钢丝绳、棕绳捆绑不牢，易导致起重伤害。

控制措施：检查确认钢丝绳、棕绳固定牢固，并有专人指挥起吊，吊装范围内严禁站人。

风险13：吊装减速箱时，钢丝绳、棕绳捆绑不牢，易导致起重伤害。

控制措施：检查确认钢丝绳、棕绳固定牢固，并有专人指挥起吊，吊装范围内严禁站人。

风险14：安装游梁、连杆机构、平衡块时，钢丝绳、棕绳捆绑不牢，易导致起重伤害。

控制措施：检查确认钢丝绳、棕绳固定牢固，并有专人指挥起吊，吊装范围内严禁站人。

风险15：安装游梁、连杆机构、平衡块时，未使用牵引绳，易导致人身伤害。

控制措施：吊装时必须使用牵引绳。

风险16：带负荷时，方卡子未卡紧，卡瓦片飞出，易导致物体打击。

控制措施：严格按操作规程卡紧方卡子。

风险17：带负荷时，方卡子未卡紧，溜车，易导致机械伤害。

控制措施：严格按操作规程卡紧方卡子。

风险18：启动抽油机前，未按规定对抽油机周围进行检查，如果有障碍物或人员，易导致机械伤害。

控制措施：启动抽油机前，检查确认抽油机周围无障碍物和人员，然后启动抽油机。

风险19：启动抽油机操作时，接触配电柜前未验电，未戴绝缘手套，易导致人员触电。

控制措施：启动抽油机前，必须使用验电笔对配电柜进行检测，并佩戴绝缘手套进行操作。

风险20：送电时未侧身，易导致电弧灼伤。

控制措施：送电时，严禁身体的任何部位正对配电柜。

风险21：点启抽油机时操作过猛或刹车控制不当，易导致物体打击或机械伤害。

控制措施：点启抽油机时平稳操作并合理控制刹车。

风险22：运转24h后，未对调整部位的螺栓重新紧固，螺栓松动，易导致设备损坏。

控制措施：运转24h后，及时对调整部位的螺栓重新紧固。

第二十七节 井组水煮炉启、停操作

一、概述

井组水煮炉包括炉体、炉膛、油盘管、加水口、防爆门、炉门以及烟囱，是目前长庆油田普遍采用的井场加温设备，它结构简单、易于连接、安全可靠。井组水煮炉启、停操作过程中，存在以下主要风险：火灾爆炸、人身伤害，环境污染、火灾爆炸、油气中毒。

二、操作步骤

（一）准备

（1）250mm 活动扳手 1 把、F 形扳手 1 把、火种 1 个、试漏液 1 盒、毛刷子 1 把、气体测爆仪 1 台。

（2）放空伴生气管线及分液包内的凝析油。

（3）检查炉内水位淹没加温盘管为宜。

（4）用试漏液检查供气管线、阀门漏气，供气压力不超过 0.2MPa。

（5）自然通风 15min，检测确定无可燃气体后，准备点火钩及火种。

（二）点炉

（1）侧立炉门，将引燃物点着，用点火钩放入炉膛，置于火嘴前。

（2）缓慢开供气阀门，点火后调节火焰。

（3）调节好风门，确保正常燃烧，逐渐升温确保温度在 80℃以上。

（三）运行中检查

（1）检查盘管浸没在水位以下。

（2）检查火嘴正常燃烧，检查管线无渗漏。

（四）停炉

关供气阀门。

井组水煮炉启、停操作

（五）结束操作

填写工作记录。

三、风险与防控措施

风险 1：凝析油排放时未使用金属容器，易导致火灾爆炸、人身伤害。

控制措施：排放凝析油时使用金属容器盛装。

风险 2：凝析油排放时人员未站在下风处，易导致油气中毒。

控制措施：凝析油排放时必须站在上风处。

风险 3：凝析油随意排放或未按规定回收，易导致环境污染、火灾爆炸。

控制措施：按规定回收凝析油。

风险 4：凝析油排放口距离控制阀门不足 2m，易导致油气中毒。

控制措施：凝析油排放口与控制阀门必须保持 2m 以上的安全间距。

风险 5：未用试漏液对供气管线、阀门连接处进行检测，易导致油气中毒、火灾爆炸。

控制措施：定期用试漏液对供气管线、阀门连接处进行检测。

风险 6：点炉前，通风不充分，点炉时可燃气体遇明火发生闪爆，易导致火灾爆炸、人员伤亡。

控制措施：在点炉前自然通风 15~30min，确保无可燃气体。

风险 7：加热炉点火时人员正对炉门，易导致回火伤人。

控制措施：加热炉点火时人员应站在炉门侧面。

风险 8：点火时，先开供气阀门，后点火，发生闪爆，易导致人员伤亡、火灾爆炸。

控制措施：点火时，将引燃物用点火钩从点火孔送入炉膛，再缓慢打开供气阀门将火点燃。

风险 9：加热炉缺水，烧干锅，易导致设备损坏。

控制措施：点炉前检查确认炉内水位淹没加温盘管。

风险 10：加热炉停炉时，炉膛温度未降至环境温度，就关闭加热炉进出口阀门，易导致炉膛变形或其他事故。

控制措施：停炉作业后，待炉膛内温度降到环境温度后，关闭进出口阀门。

第二十八节　罐车装油操作

一、概述

罐车装油属于公路运输罐车中液罐汽车分类。罐车装油属于运输危险货物，由于其总体运输量和单次运输量都很大，且单位装载量、体积与其他的危险货物运输包装相比都要大得多，因而发生泄漏、火灾、爆炸、中毒事故的概率也要大。罐车装油操作过程中，存在以下主要风险：火灾爆炸、高处坠落、油气中毒、车辆伤害、环境污染。

二、操作步骤

（一）准备

（1）500mmF形扳手1把、250mm活动扳手1把、棉纱若干、放空桶1个、铅封锁若干、拉油票1张、消防器材2具、空气呼吸器1套、量油尺1把、安全带1副、安全帽1顶。

（2）量油，记录装油前的存油量。

（二）移车到装油点

（1）检查车辆能安全进入油区，排气管口加装防火罩。

（2）装油车减速驶入装油栈桥（或储油罐放油管）下，罐进液口正对鹤管后，装油车停车熄火。

（3）在罐车无油漆、无锈蚀处牢固搭接地线，保证接地良好。

（三）装油

（1）戴好正压式空气呼吸器，站在罐顶上风口，系好安全带，开装油罐盖，鹤管延伸软管应延伸至罐体下部，缓慢开启控制阀。

（2）观察罐内液位，液位达到罐高4/5处时，应减缓装油速度，降低瞬时流量，防止溢罐。

（3）装到油罐容积的80%，关控制阀门，取出软管。

（4）检尺油罐液面高度和油罐车罐内液面高度，计算装油量，填写量油单据。

（5. 紧固罐车罐盖，并给罐盖和罐车卸油阀打上铅封，记下铅封编号。

（四）移车离开装油点

卸掉接地线，油罐车低速驶出装油区。

（五）结束操作

填写工作记录。

罐车装油操作

三、风险与防控措施

风险1：上罐前未释放静电，易导致火灾爆炸。

控制措施：上罐前手握人体静电释放器释放静电。

风险2：上罐时未扶扶梯，易导致人员高处坠落。

控制措施：上罐必须手扶扶梯。

风险3：上罐后未系安全带，易导致人员高处坠落。

控制措施：上罐后必须系好安全带。

风险4：量油时人员站在量油孔下风处，易导致油气中毒。

控制措施：量油时人员必须站在量油孔上风处。

风险5：量油时人员正对量油孔，易导致油气中毒。

控制措施：量油时人员不能正对量油孔。

风险6：罐车排气管未安装防火罩，易导致火灾爆炸。

控制措施：进入卸油台前，检查确认防火罩安装合格、消防器材配备齐全。

风险7：罐车驶入装油点，停车后未熄火，易导致火灾爆炸。

控制措施：装油前检查确认罐车停车熄火。

风险8：罐车驶入装油点，停车后未垫好榎木，溜车，易导致车辆伤害及设备损坏。

控制措施：罐车驶入装油点，停车后检查确认垫好榎木。

风险9：装油前罐车未静电接地或接地不良，易导致火灾爆炸。

控制措施：装油前检查确认罐车罐体与车身接地良好。

风险10：人员未戴防毒面具，站在罐顶上风口，导致人员油气中毒。

控制措施：作业人员戴好正压式空气呼吸器，站在罐顶上风口。

风险11：装油过程中，未及时监控罐车液位，易导致油气泄漏及环境污染。

控制措施：装油过程中，及时监控罐车液位变化。

风险12：装油时鹤管延伸软管脱落，油气泄漏，易导致环境污染。

控制措施：装油前检查确认鹤管延伸软管连接牢固。

风险13：鹤管延伸软管未延伸至罐体下部，产生静电，易导致火灾爆炸。

控制措施：鹤管延伸软管必须延伸至罐体下部。

风险14：装油现场有人打手机或抽烟，易导致火灾爆炸。

控制措施：装油现场禁止打手机或抽烟。

第二十九节 热洗车热洗井筒操作

一、概述

由于原油中含蜡，导致机采井井筒内经常出现结蜡现象。热洗车在洗井过程中具有很多优点，如洗井成本低、不压井、不伤害油层，洗井高效、省时、节能等，清蜡比较彻底，具有较好的效果。热洗车热洗井筒操作过程中，存在以下主要风险：油气泄漏、油气中毒、物体打击、高温烫伤、机械伤害、人员触电、电弧灼伤。

二、操作步骤

（一）准备

（1）热洗车1辆、水罐车1辆、返蜡车1辆、钳形电流表1块、手锤1把、500V绝缘手套1副、高压水龙带1副、活接头1个、钢丝钳1把、500V试电笔1支、35kg干粉灭火器1具、8kg干粉灭火器2具、温度计1支、铁丝若干、消防毛毡若干、擦布若干、记录笔1支、记录纸1张。

（2）穿戴好劳保用品。

（二）检查

（1）确认采油树各部件连接处及阀门无外漏。

（2）检查悬绳器、方卡子、密封盒。

（3）测量抽油机上、下冲程电流，记录电流数据。

（4）熄灭炉火。

（三）操作

1. 连接管线

（1）开油井套管阀门，使套压落零，连接热洗车与井口套管阀门管线，连接水罐车出口与热洗车进口管线，并给热洗车供水。

（2）停井，关生产、回压阀门放空，卸开活接头（法兰），连接洗出油胶管。

2. 热洗

（1）关放空阀门，开生产阀门，开井。

（2）开水罐车出口阀门，热洗车点炉升温、启泵。

（3）观察排蜡情况，排蜡结束后，测抽油机上、下冲程电流，做好记录。

（4）出口温度在 50～60℃时，延长热洗时间 1h 停泵，关水罐车出口阀门。

3. 拆除管线

（1）停抽油机，关井口套管阀门，关生产阀门，放空管线压力。

（2）拆除热洗车与井口连接管线，拆除排蜡管线。

（3）连接井口，开生产、回压阀门，启动抽油机。

（四）结束操作

（1）记录本次热洗过程中所用的热洗液用量，抽油机的上、下冲程电流，进行热洗效果分析。

（2）收拾工具，清理现场。

三、风险与防控措施

热洗车热洗井筒操作

风险 1：未检查悬绳器、方卡子，热洗时负荷增大，易导致设备损坏。

控制措施：热洗前检查悬绳器完好、方卡子紧固。

风险 2：热洗时密封填料泄漏，易导致油气泄漏。

控制措施：热洗前检查确认密封填料松紧程度。

风险 3：使用低压管线连接热洗流程，易导致高压刺漏。

控制措施：热洗进出口管线必须使用高压管线。

风险 4：未放套管气至落零，连接热洗车与井口套管阀门管线时，易导致高压刺漏及油气中毒。

控制措施：连接管线前，必须对套管进行放空至落零。

风险 5：未停井连接出油管线，憋压，易导致油气泄漏。

控制措施：连接出油管线前，必须停井。

风险 6：未关生产阀门、回压阀门，连接出油管线，易导致油气泄漏。

控制措施：连接出油管线前，必须关闭生产及回压阀门。

风险 7：连接出油管线前，未进行放空，易导致高压刺漏。

控制措施：连接出油管线前，必须放空，确认压力落零。

风险 8：连接热洗管线快速接头时，戴手套使用手锤，易导致物体打击。

控制措施：使用手锤时，禁止戴手套。

风险 9：热洗时，各连接管线连接不牢固，易导致高压刺漏。

控制措施：热洗前，检查确认各连接管线连接牢固。

风险 10：热洗时，操作人员站在井口及热洗管线周围，热洗液刺漏，易导致高温烫伤及环境污染。

控制措施：热洗时，操作人员严禁站在井口及热洗管线周围。

风险 11：拆除管线前未对管线进行放空泄压，带压操作，易导致油气泄漏。

控制措施：拆除管线前，必须放空，确认压力落零。

风险 12：拆除管线时，操作人员接触高温部位，易导致高温烫伤。

控制措施：拆除管线时，操作人员做好个体防护。

风险 13：启动抽油机前，未按规定对抽油机周围进行检查，如果有障碍物或人员，易导致机械伤害。

控制措施：启动抽油机前，检查确认抽油机周围无障碍物和人员，然后启动抽油机。

风险 14：启动抽油机操作时，接触配电柜前未验电，未戴绝缘手套，易导致人员触电。

控制措施：启动抽油机前，必须使用验电笔对配电柜进行检测，并佩戴绝缘手套进行操作。

风险 15：送电时未侧身，易导致电弧灼伤。

控制措施：送电时，严禁身体的任何部位正对配电柜。

第三十节　油井管线吹扫操作

一、概述

油井地面集油管线由于管线结蜡造成油井回压升高，影响油井正常生产，严重时会发生管线冻堵，造成油井停产，影响产量。管道吹扫就是利用介质把管线中的堵塞物吹扫出，达到疏通管线的目的，保证工艺管线投产后的正常运行。油井管线吹扫操作过程中，存在以下主要风险：油气泄漏、物体打击、机械伤害、人员触电、电弧灼伤。

二、操作步骤

（一）准备

（1）水泥车1辆、罐车1辆、600mm管钳1把、450mm活动扳手1把、梅花扳手1套、3.75kg大锤1把、500V绝缘手套1副、500V试电笔1支、35kg干粉灭火器1具、8kg干粉灭火器2具、棉纱若干、记录笔1支、记录纸1张。

（2）穿戴好劳保用品。

（二）检查

（1）确认采气树各法兰连接处及阀门无外漏。

（2）检查确认流程阀门开关正确。

（三）操作

1. 倒改流程

（1）通知下游站点，倒改扫线流程。

（2）紧固井口阀门法兰螺栓，切换井口扫线流程，连接水泥车、罐车及井口流程，并检查所连接管线不刺、不漏。

2. 启动

启动水泥车。

3. 扫线

（1）缓慢、平稳提高扫线压力，但不大于管线、阀门额定压力。

（2）判断管线扫通：下游站见液，水泥车压力下降，管线扫通，加大水泥车排量彻底清扫管线，直至恢复正常生产压力。

4. 停止扫线

（1）水泥车停泵，管线停扫。

（2）通知下游站点扫线结束，放空，卸掉扫线流程。

（3）通知岗位工启动抽油机，清理现场。

油井管线吹扫操作

（四）结束操作

（1）清理现场，收拾工具。

（2）填写工作记录。

三、风险与防控措施

风险1：未检查井口各连接部位，扫线过程中，易导致高压刺漏。

控制措施：管线吹扫前检查确认井口各连接部位不渗不漏。

风险2：扫线时，各连接管线连接不牢固，易导致高压刺漏。

控制措施：扫线前，检查确认各连接管线连接牢固。

风险3：扫线前，未通知下游站，憋压，易导致高压刺漏。

控制措施：扫线前，联系好下游站点倒改好扫线流程。

风险4：使用低压管线连接扫线流程，易导致高压刺漏。

控制措施：扫线进出口管线必须使用高压管线。

风险5：未停井连接扫线管线，憋压，易导致油气泄漏。

控制措施：连接扫线管线前，必须停井。

风险6：未关生产阀门、回压阀门，连接扫线管线，易导致油气泄漏。

控制措施：连接扫线管线前，必须关闭生产及回压阀门。

风险7：连接扫线管线前，未进行放空，易导致高压刺漏。

控制措施：连接扫线管线前，必须放空，确认压力落零。

风险8：连接扫线管线快速接头时，戴手套使用大锤，易导致物体打击。

控制措施：使用大锤时，禁止戴手套。

风险9：扫线时，操作人员站在井口及扫线管线周围，管线刺漏，易导致高压刺漏。

控制措施：扫线时，操作人员严禁站在井口及扫线管线周围。

风险10：拆除管线前未对管线进行放空泄压，带压操作，易导致油气泄漏。

控制措施：拆除管线前，必须放空，确认压力落零。

风险11：启动抽油机前，未按规定对抽油机周围进行检查，如果有障碍物或人员，易导致机械伤害。

控制措施：启动抽油机前，检查确认抽油机周围无障碍物和人员，然后启动抽油机。

风险 12：启动抽油机操作时，接触配电柜前未验电，未戴绝缘手套，易导致人员触电。

控制措施：启动抽油机前，必须使用验电笔对配电柜进行检测，并佩戴绝缘手套进行操作。

风险 13：送电时未侧身，易导致电弧灼伤。

控制措施：送电时，严禁身体的任何部位正对配电柜。

第三十一节　点燃井站火炬操作

一、概述

火炬，确切地应称之为“安全火炬”。火炬的作用一是燃烧气态易燃物，控制系统气压；二是在发生意外事故时，将大量的可燃气体燃烧掉，以确保安全。点燃井站火炬操作过程中，存在以下主要风险：油气泄漏、油气中毒、火灾爆炸、环境污染。

二、操作步骤

（一）准备

（1）火种 1 个、引燃物少许、点火钩 1 个、试漏液 1 盒、毛刷子 1 把。

（2）穿戴好劳保用品。

（二）检查

（1）检查气压是否超压（分液包气压不大于 0.25MPa），用试漏液检查各连接部位是否漏气。

（2）检查阀门是否灵活好用。

（三）点燃火炬

（1）放尽分液包内残余液体。

（2）站在上风口，将引燃物靠近火炬，微开火炬阀门点燃火炬。

（3）根据分液包的气压，调节火炬阀门大小，控制燃气压力。

（四）结束操作

填写工作记录。

三、风险与防控措施

风险1：未用试漏液对供气管线、阀门连接处进行检测，易导致油气泄漏、油气中毒、火灾爆炸。

控制措施：定期用试漏液对供气管线、阀门连接处进行检测。

风险2：凝析油排放时未使用金属容器盛装，易导致火灾爆炸、人员伤害。

控制措施：排放凝析油时使用金属容器盛装。

风险3：凝析油随意排放或未按规定回收，易导致环境污染、火灾爆炸。

控制措施：按规定回收凝析油。

风险4：凝析油排放时人员未站在上风处，易导致油气中毒。

控制措施：凝析油排放时必须站在上风处。

风险5：凝析油排放口距离控制阀门不足2m，易导致油气中毒。

控制措施：凝析油排放口与控制阀门必须保持2m以上的安全间距。

风险6：点燃火炬时，人员未站在上风向，易导致人员灼烫。

控制措施：点火时人员一定要站在上风方向，将引燃物靠近火炬，微开火炬阀门点燃火炬。

风险7：点火时，先开供气阀门，后点火，发生闪爆，易导致人员伤亡、火灾爆炸。

控制措施：点火时，将引燃物用点火钩靠近火炬，再缓慢打开供气阀门将火点燃。

风险8：火炬未安装阻火器，易发生回火爆炸，造成设备损坏。

控制措施：阻火器应水平安装在控制阀门前端。

第三十二节　游梁式抽油机调整曲柄平衡操作

一、概述

由于抽油机在运转过程中，上下冲程所承受的载荷不同，导致电动机做功不均匀，造成浪费，缩短电动机的使用寿命，影响机、杆、泵的正常工作，调整曲柄平衡，就是通过移动平衡块的位置，来达到电动机载荷平衡的目的，确保抽油机设备的平稳运行。游梁式抽油机调整曲柄平衡操作过程中，存在以下主要风险：机械伤害、人员触电、电弧灼伤、物体打击、高处坠落。

二、操作步骤

（一）准备

（1）500mm 撬杠 1 把、450mm 活动扳手 1 把、300mm 钢板尺 1 把、3.75kg 大锤 1 把、专用摇把 1 把、敲击扳手 1 把、钢丝刷 1 把、石笔 1 支、计算器 1 个、安全带 1 副、钳形电流表 1 块、500V 试电笔 1 支、500V 绝缘手套 1 副、操作平台 1 座、禁止启动警示牌 1 块、黄油若干、擦布 1 块、记录笔 1 支、记录本 1 本。

（2）穿戴好劳保用品。

（二）检查

（1）检查抽油机运行状态。

（2）检查刹车行程合适，灵活好用。

（三）操作

（1）戴绝缘手套，检查试电笔，抽油机配电柜验电。

（2）测电流，计算移动距离。

① 检查钳形电流表，用钳形电流表测量抽油机上、下冲程电流峰值。

② 根据所测电流峰值计算平衡率，确定平衡块的调整距离及方向。

（3）按停止按钮，将抽油机曲柄停在近水平位置，拉紧刹车，断开空气开关，挂好警示牌，锁好刹车制动板。

（4）移动平衡块。

① 擦净曲柄表面锈迹，用尺子量好所调距离，做好记号，卸掉锁块固定螺栓，取出锁块。

② 按先低后高原则卸松平衡块固定螺栓，严禁将螺母卸掉。

③ 用专用摇把侧身移动平衡块，将其移到标记位置，用撬杠校正平衡块和曲柄保持同一平面。

（5）紧固作业。

① 装锁块，保持锁牙啮合良好，穿上螺栓上紧。

② 由高到低，紧固平衡块固定螺栓，紧固锁块螺栓，紧固螺栓组件处涂抹黄油。

（6）启动抽油机。

① 检查抽油机周围无障碍物，摘掉刹车制动板，取下警示牌，慢松刹车控制曲柄运转速度，合上空气开关，利用曲柄惯性或二次启动抽油机，检查平衡块紧固情况。

② 二次测量上、下冲程电流峰值。

③ 计算平衡率，检验调整效果（平衡率超出85%~115%范围，重新调整）。

游梁式抽油机调整曲柄平衡操作

（四）结束操作

（1）清理现场，收拾工具。

（2）填写记录。

三、风险与防控措施

风险1：未检查刹车是否灵活好用，刹车失灵易导致机械伤害。

控制措施：检查刹车，刹车行程在1/2~2/3之间。

风险2：接触配电柜前未用试电笔验电，未佩戴绝缘手套，易导致人员触电。

控制措施：接触配电柜前用验电笔检查配电柜是否漏电，并佩戴绝缘手套。

风险3：在使用钳形电流表测电流过程中，仪表未脱离被测导线便切换调节旋钮，易导致仪表损坏。

控制措施：在使用钳形电流表测电流过程中，必须待仪表脱离被测导线后方可切换调节旋钮。

风险4：断电时未侧身，易导致电弧灼伤。

控制措施：断电时，严禁身体的任何部位正对配电柜。

风险5：停抽后未锁好刹车锁块，在操作时抽油机意外旋转，易导致机械伤害。

控制措施：停抽后必须锁好刹车锁块。

风险6：停抽油机位置不当，曲柄角度不在规定范围，平衡块滑落，易导致物体打击、机械伤害。

控制措施：抽油机曲柄应停在水平位置，曲柄下禁止站人。

风险 7：上、下操作平台时，易导致人员高处坠落。

控制措施：上、下操作平台时，必须手扶扶梯，严禁手拿工具。

风险 8：在操作平台上操作未系安全带，易导致人员高处坠落。

控制措施：按要求系好安全带。

风险 9：在操作平台摆放工具，易导致物体打击。

控制措施：禁止在操作平台摆放工具。

风险 10：活动扳手开口调节过大、反打、用力过猛，扳手发生打滑，易导致物体打击。

控制措施：活动扳手使用时应根据螺栓大小调节开口，使固定端受力，平稳用力。

风险 11：在高处作业过程中工具掉落，易导致物体打击。

控制措施：在高处作业时必须使用工具袋，工具必须系安全绳。

风险 12：戴手套使用大锤，易导致物体打击。

控制措施：使用大锤时禁止戴手套。

风险 13：启动抽油机前，未按规定对抽油机周围进行检查，如果有障碍物或人员，易导致机械伤害。

控制措施：启动抽油机前，检查确认抽油机周围无障碍物和人员，然后启动抽油机。

风险 14：启动抽油机操作时，接触配电柜前未验电，未戴绝缘手套，易导致人员触电。

控制措施：启动抽油机前，必须使用验电笔对配电柜进行检测，并佩戴绝缘手套进行操作。

风险 15：送电时未侧身，易导致电弧灼伤。

控制措施：送电时，严禁身体的任何部位正对配电柜。

第三十三节　更换抽油机电动机操作

一、概述

对于抽油机来讲，电动机把电能转化成机械能，通过皮带、变速箱、连杆等传动机构把能量传递到驴头上。现阶段油田机械采油中，电动机的耗电量在生产成本中占比大，加强电动机维护和保养，将提高抽油机系统效率，产生可观的经济效益和社会效益。更换抽油机电动机操作过程中，存在以下主要风险：机械伤害、人员触电、电弧灼伤、物体打击、高处坠落。

二、操作步骤

（一）准备

（1）250mm 和 300mm 活动扳手各 1 把、450mm 管钳 1 把、500mm 和 1000mm 撬杠各 1 根、铜棒 1 根、手锤 1 把、拔轮器 1 个、电工工具 1 套、棕绳 1 根、细线绳 5m、2500V 绝缘手套 1 副、500V 试电笔 1 支、安全帽 1 顶、黄油 1 盒、棉纱若干、砂纸 1 张、枕木 1 个、铁丝若干、同型号电动机 1 台、倒链（吊车）1 副（台）、记录笔 1 支、记录本 1 本。

（2）穿戴好劳保用品。

（二）停机

（1）按停止按钮将抽油机停在便于操作位置，拉紧刹车。

（2）切断电源（控制柜电源），刹车，挂上锁块、警示牌。

（3）切断电源（电缆线电源），由专业电工拆掉电缆线接头。

（三）更换电动机

（1）卸皮带防护罩，松电动机顶丝和固定螺栓，向前移动电动机，取下皮带。

（2）卸下旧电动机皮带轮，卸掉电动机固定螺栓，吊下旧拖动装置。

（3）装上新电动机，安装电动机固定螺栓，安装皮带轮，紧螺母并锁好锁片。

（4）装皮带、调四点一线及皮带松紧度。

（5）连接电缆线，安装皮带防护罩。

（6）清除抽油机周围障碍物。

（四）启动抽油机

（1）按抽油机启停操作启动抽油机。

（2）观察电动机运转方向（若发现电动机反转，调整相序）。

（五）结束操作

填写工作记录。

更换抽油机
电动机操作

三、风险与防控措施

风险1：未检查刹车是否灵活好用，刹车失灵易导致机械伤害。

控制措施：检查刹车，刹车行程在1/2~2/3之间。

风险2：停抽油机操作时，接触配电柜前未验电，未戴绝缘手套，易导致人员触电。

控制措施：停抽油机前，必须使用验电笔对配电柜进行检测，并佩戴绝缘手套进行操作。

风险3：断电时未侧身，易导致电弧灼伤。

控制措施：断电时，严禁身体的任何部位正对配电柜。

风险4：停抽后未锁好刹车锁块，在操作时抽油机意外旋转，易导致机械伤害。

控制措施：停抽后必须锁好刹车锁块。

风险5：停机后未切断电源，抽油机意外启动，易导致机械伤害。

控制措施：停机后必须切断电源。

风险6：在减速器平台上操作时，站立位置不正确，易导致人员高处坠落。

控制措施：在减速器平台上操作时，应双脚站立在平台上平稳操作。

风险7：在减速器平台摆放工具，易导致物体打击。

控制措施：禁止在减速器平台摆放工具。

风险8：拆卸皮带轮护罩过程中操作人员配合不当，护罩滑落，易导致物体打击（安装皮带轮护罩存在相同的风险）。

控制措施：拆卸皮带轮护罩过程中应平稳操作。

风险9：活动扳手开口调节过大、反打、用力过猛，扳手发生打滑，易导致物体打击。

控制措施：活动扳手使用时应根据螺栓大小调节开口，使固定端受力，平稳用力。

风险10：移动电动机时撬杠打滑，易导致人员伤害、物体打击。

控制措施：移动电动机时使用撬杠用力要平稳，操作人员身体应避开撬杠端头。

风险 11：拆卸皮带过程中戴手套，易导致机械伤害（安装皮带时存在相同的风险）。

控制措施：拆卸皮带过程中严禁戴手套操作。

风险 12：在拆卸电动机皮带轮过程中，拔轮器未使用安全绳，发生拔轮器滑落，易导致物体打击。

控制措施：在拆卸电动机皮带轮过程中，拔轮器三爪应使用安全绳固定牢靠，平稳用力操作。

风险 13：拆卸电动机线路时，不是专业电工进行操作，易导致人员触电。

控制措施：拆卸电动机线路应由专业电工进行操作。

风险 14：在使用倒链移动电动机过程中，三脚支架安装不牢靠，支架倒塌，易导致物体打击。

控制措施：在使用倒链移动电动机前，检查确认三脚支架固定牢靠。

风险 15：安装倒链时未使用操作平台，两人配合不当，发生倒链滑落，易导致物体打击。

控制措施：安装倒链时必须使用操作平台，两人相互配合进行操作。

风险 16：安装皮带轮过程中戴手套使用铜棒，铜棒滑脱，易导致物体打击。

控制措施：安装皮带轮过程中禁止戴手套使用铜棒，应平稳操作。

风险 17：安装皮带过程中，手盘皮带，易导致手指夹伤。

控制措施：应按照标准操作程序安装皮带。

风险 18：安装电动机线路前，未确认三相电相序，易导致设备损坏。

控制措施：安装电动机线路应由专业电工操作。

风险 19：启动抽油机前，未按规定对抽油机周围进行检查，如果有障碍物或人员，易导致机械伤害。

控制措施：启动抽油机前，检查确认抽油机周围无障碍物和人员，然后启动抽油机。

风险 20：启动抽油机操作时，接触配电柜前未验电，未戴绝缘手套，易导致人员触电。

控制措施：启动抽油机前，必须使用验电笔对配电柜进行检测，并佩戴

绝缘手套进行操作。

风险21：送电时未侧身，易导致电弧灼伤。

控制措施：送电时，严禁身体的任何部位正对配电柜。

第三十四节 调整抽油机刹车行程操作

一、概述

抽油机刹车是抽油机的制动装置，是通过刹车片与刹车轮接触发生摩擦而起到制动作用。由于长时间使用，抽油机刹车片与刹车轮产生间隙，行程也会发生变化，为了保证抽油机各项操作顺利进行，应经常检查和调整抽油机刹车，保证其灵活、好用、可靠。

抽油机刹车行程调整操作过程中，存在以下主要风险：机械伤害、人员触电、电弧灼伤、物体打击。

二、操作步骤

（一）准备

（1）300mm、375mm、450mm 活动扳手各 1 把，450mm 管钳 1 把，500mm 撬杠 1 根，200mm 钢丝钳 1 把，0.75kg 手锤 1 把，钢丝刷 1 把，黄油 1 盒，安全帽 1 顶，棉纱若干，安全带 1 副，500V 试电笔 1 支，2500V 绝缘手套 1 副，操作平台 1 个，警示牌 1 块，记录笔 1 支，记录本 1 本。

（2）穿戴好劳保用品。

（二）停机

将抽油机驴头停在接近上死点位置，刹死刹车，断开电源，挂好锁块、警示牌。

（三）调整

（1）刹车行程过长或过短，可调节横向拉杆或纵向拉杆，使刹车行程达到1/2~2/3处，刹车片与刹车轮接触面在80%以上。

（2）检查刹车片，如磨损严重，卸下刹车箍，更换刹车片。

（3）如果刹车张合度太大，将纵向拉杆调短，再次调整刹车箍调整螺母，向内调整使刹车间隙变小；如果张合度太小，将刹车箍调整螺母向外调整，使刹车间隙变大。

（四）试刹车

（1）摘掉刹车锁块或取掉井口方卡子。

（2）点启动，试刹车，灵活可靠，无偏磨自锁，否则重新调整。

（五）启动抽油机

按抽油机启停操作启动抽油机。

（六）结束操作

填写工作记录。

三、风险与防控措施

风险1：停抽油机操作时，接触配电柜前未验电，未戴绝缘手套，易导致人员触电。

控制措施：停抽油机前，必须使用验电笔对配电柜进行检测，并佩戴绝缘手套进行操作。

风险2：断电时未侧身，易导致电弧灼伤。

控制措施：断电时，严禁身体的任何部位正对配电柜。

风险3：停抽后未锁好刹车锁块，在操作时抽油机意外旋转，易导致机械伤害。

控制措施：停抽后必须锁好刹车锁块。

风险4：停机后未切断电源，抽油机意外启动，易导致机械伤害。

控制措施：停机后必须切断电源。

风险5：未检查刹车是否灵活好用，刹车失灵易导致机械伤害。

控制措施：检查刹车，刹车行程在1/2~2/3之间。

风险6：活动扳手开口调节过大、反打、用力过猛，扳手发生打滑，易导致物体打击。

控制措施：活动扳手使用时应根据螺栓大小调节开口，使固定端受力，平稳用力。

风险7：点启抽油机时操作过猛或刹车控制不当，易导致物体打击或机械伤害。

控制措施：点启抽油机平稳操作并合理控制刹车。

风险8：启动抽油机前，未按规定对抽油机周围进行检查，如果有障碍物或人员，易导致机械伤害。

控制措施：启动抽油机前，检查确认抽油机周围无障碍物和人员，然后启动抽油机。

风险9：撬起锁块时，撬杠打滑，易导致人员伤害。

控制措施：撬起锁块时使用撬杠用力要平稳，操作人员身体应避开撬杠端头。

风险10：启动抽油机操作时，接触配电柜前未验电，未戴绝缘手套，易导致人员触电。

控制措施：启动抽油机前，必须使用验电笔对配电柜进行检测，并佩戴绝缘手套进行操作。

风险11：送电时未侧身，易导致电弧灼伤。

控制措施：送电时，严禁身体的任何部位正对配电柜。

第三十五节　抽油机例行保养操作

一、概述

抽油机例行保养是由采油工每班或每日进行的检查保养，随时对检查出的问题进行维护，从而确保抽油机能够正常运转。抽油机例行保养操作过程中，存在以下主要风险：机械伤害、人员触电、电弧灼伤、物体打击、环境污染、高处坠落。

二、操作步骤

（一）准备

（1）250mm、300mm、375mm、450mm活动扳手各1把，600mm管钳1把，500mm、1000mm撬杠各1根，100mm一字螺丝刀1把，200mm钢丝钳1把，黄油枪1支，专用工具、电工工具各1套，砂纸若干，方卡子1副，吊线锤1个，500mm水平尺1把，钢丝刷1把，毛刷1把，棉纱少许，黄油1盒，机油1桶，防腐漆若干，清洗油若干，棕绳1根，铁丝钩1个，操作平台1个，安全带1副，安全帽1顶，500V试电笔1支，绝缘手套1副，记录笔1支，记录本1本。

（2）穿戴好劳保用品。

（二）停机

（1）按停止按钮，将游梁停在水平位置，拉紧刹车。

（2）断开电源，挂好锁块、警示牌。

（3）搭建操作平台。

（三）清洁

清除抽油机外部各处油污、泥土，清洗减速箱呼吸阀，保持呼吸阀畅通，清除电气设备灰尘和氧化物，保证接触良好。

（四）检查

（1）检查减速箱、中轴、尾轴、曲柄销子有无缺油、漏油现象。

（2）检查底座、减速箱、中轴承、尾轴承、曲柄、曲柄销子、平衡块、连杆、支架、驴头、电动机等部位的连接螺栓有无松动、滑扣和断裂现象。

（五）调整

调整刹车、皮带情况。

（六）检查电气设备

检查电动机、配电箱接线情况。

（七）启动抽油机

按抽油机启停操作启动抽油机。

（八）结束操作

填写工作记录。

三、风险与防控措施

风险1：未检查刹车是否灵活好用，刹车失灵易导致机械伤害。

控制措施：检查刹车，刹车行程在1/2~2/3之间。

风险2：停抽油机操作时，接触配电柜前未验电，未戴绝缘手套，易导致人员触电。

控制措施：停抽油机前，必须使用验电笔对配电柜进行检测，并佩戴绝缘手套进行操作。

风险3：断电时未侧身，易导致电弧灼伤。

控制措施：断电时，严禁身体的任何部位正对配电柜。

风险4：停抽后未锁好刹车锁块，在操作时抽油机意外旋转，易导致机械伤害。

控制措施：停抽后必须锁好刹车锁块。

风险5：停机后未切断电源，抽油机意外启动，易导致机械伤害。

控制措施：停机后必须切断电源。

风险6：上、下操作平台时，易导致人员高处坠落。

控制措施：上、下操作平台时，必须手扶扶梯，严禁手拿工具。

风险7：在操作平台上操作未系安全带，易导致人员高处坠落。

控制措施：按要求系好安全带。

风险8：在操作平台摆放工具，易导致物体打击。

控制措施：禁止在操作平台摆放工具。

风险9：在高处作业过程中工具掉落，易导致物体打击。

控制措施：在高处作业时必须使用工具袋，工具必须系安全绳。

风险10：清洁机身外部污油时，未按规定回收，易导致环境污染。

控制措施：污油按规定回收。

风险11：在检查螺栓紧固过程中戴手套使用手锤，手锤滑脱，易导致物体打击。

控制措施：禁止戴手套使用手锤，平稳操作。

风险12：检查调整皮带松紧度过程中，手抓皮带，易导致手指夹伤。

控制措施：检查调整皮带松紧度过程中，严禁手抓皮带。

风险13：非专业人员检查维护电气设备易导致人员触电。

控制措施：禁止非专业人员检查维护电气设备。

风险14：启动抽油机前，未按规定对抽油机周围进行检查，如果有障碍物或人员，易导致机械伤害。

控制措施：启动抽油机前，检查确认抽油机周围无障碍物和人员，然后启动抽油机。

风险15：启动抽油机操作时，接触配电柜前未验电，未戴绝缘手套，易导致人员触电。

控制措施：启动抽油机前，必须使用验电笔对配电柜进行检测，并佩戴绝缘手套进行操作。

风险16：送电时未侧身，易导致电弧灼伤。

控制措施：送电时，严禁身体的任何部位正对配电柜。

第三十六节　更换数字化抽油机井口RTU操作

一、概述

RTU能够实时在线监测油井参数电流、电压、井口温度、压力等，可以对抽油机的各种故障进行实时诊断，及时发现故障并报警；能远程控制抽油机的启停；随时查询油井运行参数，并实现参数远传和网上资源共享。更换数字化抽油机井口RTU操作过程中，存在以下主要风险：机械伤害、人员触电、电弧灼伤、设备损坏。

二、操作步骤

（一）准备

（1）调试便携式计算机1台、USB转串口数据线1条、井口RTU模块1个、控制柜专用钥匙1把、一字螺丝刀1把、150mm十字螺丝刀1把、尖嘴钳1把、试电笔1支、绝缘手套1副、记录笔1支、记录纸1张、禁止合闸警示牌1个、禁止启动警示牌1个。

（2）穿戴好劳保用品。

（二）操作

（1）检查抽油机运行状态。

（2）控制柜验电，将抽油机停在便于操作的位置，拉紧刹车，断开控制柜空气开关，锁好刹车制动板，挂警示牌。

（3）井场总配电柜验电，断开配电柜内该井空气开关，挂警示牌。

（4）打开井口 RTU 控制柜，断开 RTU 控制柜空气开关，记录井口 RTUL308 模块接线线序。

（5）按顺序依次拆下 RTUL308 模块的数据线、三相电参线、天线。

（6）卸开 RTUL308 模块固定螺钉，取出 RTUL308 模块。

（7）安装新 RTUL308 模块，上紧固定螺钉。

（8）按照线序依次连接 RTUL308 模块的三相电参线、数据线、天线。

（9）合上井场总配电柜内该井的空气开关。

（10）摘刹车制动板、取下警示牌，慢松刹车，合上控制柜空气开关。

（11）合上井口 RTU 控制柜空气开关，观察电源指示灯正常。

（12）断开井口 RTU 控制柜空气开关，用串口数据线连接 RTU 和调试便携式计算机，再合上井口 RTU 控制柜空气开关，打开下载程序工具，下载对应油井 RTU 模块程序，运行程序观察指示灯运行正常。

（13）打开调试软件配置油井信息及通信参数，扫描油井运行参数，观察抽油机周围无障碍物，软件启动抽油机。

（14）查看各项参数采集运行正常。

（三）结束操作

（1）收拾工具，清理现场。

（2）填写记录。

更换数字化抽油机井口 RTU 操作

三、风险与防控措施

风险 1：停抽油机操作时，接触配电柜前未验电，未戴绝缘手套，易导致人员触电。

控制措施：停抽油机前，必须使用验电笔对配电柜进行检测，并佩戴绝缘手套进行操作。

风险 2：断电时未侧身，易导致电弧灼伤。

控制措施：断电时，严禁身体的任何部位正对配电柜。

风险 3：拆卸时，井口 RTU 未断电，易导致设备损坏。

控制措施：拆卸前，检查确认 RTU 断电。

风险 4：安装 RTU 时，数据线或电源线位置插错，易导致设备损坏。

控制措施：安装 RTU 时，检查确认数据线和电源线位置正确。

风险 5：安装 RTU 时，未固定牢靠，受抽油机振动影响掉落，易导致设备损坏。

控制措施：安装 RTU 时，必须检查确认 RTU 固定牢靠。

风险 6：USB 串口线带电插拔，易导致设备损坏。

控制措施：先连接 USB 串口线，再通电。

风险 7：启动抽油机前，未按规定对抽油机周围进行检查，如果有障碍物或人员，易导致机械伤害。

控制措施：启动抽油机前，检查确认抽油机周围无障碍物和人员，然后启动抽油机。

风险 8：启动抽油机操作时，接触配电柜前未验电，未戴绝缘手套，易导致人员触电。

控制措施：启动抽油机前，必须使用验电笔对配电柜进行检测，并佩戴绝缘手套进行操作。

风险 9：送电时未侧身，易导致电弧灼伤。

控制措施：送电时，严禁身体的任何部位正对配电柜（与停机相同）。

第三章　注水井场风险辨识与防控措施

第一节　注水井开井操作

一、概述

注水井是用来向油层注水的井。在油田开发过程中，通过专门的注水井将水注入油藏，保持或恢复油层压力，使油藏有较强的驱动力，以提高油藏的开采速度和采收率。注水井主要由油管井口阀门、油管出口阀门、总阀门、套管进口阀门、套管出口阀门、测试阀门、放空阀门等组成。注水井开井是通过对注水井阀门的开关控制，实现注水井的开井作业。该项操作在采油生产作业中的频次较高，在操作过程中存在较大风险，主要风险有：高压刺漏、人身伤害。

二、操作步骤

（一）准备

（1）200mm 活动扳手 1 把、375mm 活动扳手 1 把、F 形扳手 1 把、黄油 1

盒、擦布1块、记录笔1支、记录本1本。

（2）穿戴好劳保用品。

（二）检查

（1）检查井口各连接部位无渗漏，仪表齐全、完好。

（2）检查确认套管注水阀门、套管洗井阀门以及注水总阀处于关闭状态，确认排污管线至排污池设施完好。

（三）开井

（1）联系注水站，通知开井时间。

（2）切换配水间洗井流程，冲洗地面管线。

（3）进出口水质一致，通知配水间关洗井流程。

（4）正注开井流程：

① 通知配水间关洗井流程。

② 关来水阀门、油管洗井阀门和洗井放空阀门。

③ 开注水总阀，开来水阀门。

④ 联系配水间切换注水流程，配注。

⑤ 反注开井流程。

a. 通知配水间关洗井流程。

b. 依次关油管注水阀门、油管洗井阀门和洗井放空阀门。

c. 开注水总阀门、开套管注水阀门、开来水阀门。

d. 联系配水间切换注水流程，配注。

⑥ 检查确认流程。

（四）结束操作

（1）收拾工具，清理现场。

（2）记录开井时间、压力及有关资料。

三、风险与防控措施

注水井开井操作

风险1：未检查井口各连接部位是否牢靠，附件是否齐全，发现渗漏时，手摸渗漏处导致人身伤害。

控制措施：开始注水前，检查确认井口各连接部位牢靠，设施及附件齐全。如发现渗漏，严禁用手触摸。

风险 2：活动扳手开口调节过大、反打、用力过猛，扳手发生打滑导致物体打击。

控制措施：活动扳手使用时应根据螺栓大小调节开口，使固定端受力，平稳用力。

风险 3：开关阀门时正对阀门，丝杠飞出，导致人身伤害。

控制措施：开关阀门时要站在阀门手轮侧面进行操作。

风险 4：使用 F 形扳手开关阀门，开口向内扳动手轮时，F 形扳手弹出，导致人身伤害。

控制措施：使用 F 形扳手开关阀门，扳动手轮开口应向外，拉动时缓慢平稳。

第二节　检查注水井井口单流阀操作

一、概述

注水井在生产过程中，为防止注水井因故障停井时导致地层吐砂现象发生，在注水井井口安装单向阀。该项操作在注水操作过程中存在较大风险，主要风险有：高压刺漏伤人、物体打击。

二、操作步骤

（一）准备

（1）375mm 活动扳手 2 把、F 形扳手 1 把、600mm 管钳 1 把、生料带 1 卷、磁铁 1 块、除锈剂 1 盒、砂纸若干、黄油 1 盒、擦布 1 块。

（2）穿戴好劳保用品。

（二）检查

（1）检查井口各连接部位无渗漏，仪表齐全、完好。

（2）检查注水井口流程正确。

（三）停注

（1）联系注水站，通知倒改流程。

（2）关闭需要检查单流阀的注水井控制阀门，确认流程正确。

（四）检查单流阀

（1）确认旁通阀门关闭，开单流阀前放空阀门。

（2）观察油压下降，判断单流阀能否坐封严密，油管压力不下降，说明单流阀严密，否则维修或更换。

（3）关闭油压阀门，放空，卸开单流阀堵头，检查内部结垢，并对其除垢、除锈、研磨或更换。

（五）恢复注水

（1）上好单流阀堵头，关闭放空阀门。

（2）联系注水站改好流程。

（3）开注水井流量计上、下游阀门，按配注调节注水量。

（六）结束操作

（1）收拾工具，清理现场。

（2）填写注水井工作记录。

检查注水井井口单流阀操作

三、风险与防控措施

（一）停注

风险1：开关阀门时正对阀门，丝杠飞出，易导致物体打击。

控制措施：开关阀门时要站在阀门手轮侧面进行操作。

风险2.：使用F形扳手开关阀门，开口向内扳动手轮时，F形扳手弹出，易导致物体打击。

控制措施：使用F形扳手开关阀门，扳动手轮开口应向外，拉动时缓慢平稳。

（二）检查单流阀

风险1：井口未放空时卸单流阀堵头或卸单流阀堵头前未检查确认有无余压，易导致高压刺漏伤人。

控制措施：确认管线无余压后再进行操作，严禁带压操作。

风险2：活动扳手开口调节过大、反打、用力过猛，扳手发生打滑，易导致物体打击。

控制措施：活动扳手使用时应根据螺栓大小调节开口，使固定端受力，平稳用力。

（三）恢复注水

风险1：开关阀门时正对阀门，丝杠飞出，易导致物体打击。

控制措施：开关阀门时要站在阀门手轮侧面进行操作。

风险2：使用F形扳手开关阀门，开口向内扳动手轮时，F形扳手弹出，易导致物体打击。

控制措施：使用F形扳手开关阀门，扳动手轮开口应向外，拉动时缓慢平稳。

风险3：卸螺栓时活动扳手开口调节过大、反打、用力过猛，扳手发生打滑，易导致物体打击。

控制措施：活动扳手使用时应根据螺栓大小调节开口，使固定端受力，平稳用力。

第三节　正注井正洗操作

一、概述

注水井注水一段时间或新井投注时要进行洗井，通过洗井，使水井、油层内的腐蚀物、杂质等脏物被冲洗出来，带出井外，避免油层被脏物堵塞，影响试注和注水效果。该项操作在作业中的频次较高，在操作过程中存在较大风险，主要风险有：高压刺漏伤人、物体打击、环境污染。

二、操作步骤

（一）准备

（1）F形扳手1把、600mm管钳1把、300mm活动扳手1把、高压水龙带1条、500mL取样瓶1个、棉纱若干、记录笔1支、记录本1本。

（2）穿戴好劳保用品。

（二）检查

（1）检查井口流程，各部位连接牢靠无渗漏，设施附件齐全、完好。

（2）确认两池容量，连接水龙带至排污池完好。

（三）冲洗地面管线

（1）联系配水间关闭注水流程，记录洗井流量计读数。

（2）确认套管注水阀门、套管洗井阀门以及注水总阀处于关闭状态。

（3）依次开洗井放空阀门、油管洗井阀门和油管注水阀门、来水阀门。

（4）联系配水间切换洗井流程。

（5）直至进、出口水质一致时，关闭油管洗井阀门。

（四）正洗

（1）关油管洗井阀门、开套管洗井阀门和注水总阀门。

（2）开始洗井计时，洗井排量控制在 15～30m^3h（控制洗井放空阀，溢流量微喷）。

（3）出口水质化验合格后停止洗井。

（五）恢复注水

（1）关闭套管洗井阀门、洗井放空阀门，恢复注水。

（2）录取油压、套压、洗井时间及用水量。

（六）结束操作

（1）清理现场，收拾工用具。

（2）填写注水井洗井记录。

正注井正洗操作

三、风险与防控措施

（一）准备

风险：检查井口各连接部位是否渗漏或刺漏时，手摸渗漏处，易导致高压刺漏伤人。

控制措施：操作前，检查确认井口各连接部位无渗漏或刺漏，设施及附件齐全。如发现渗漏，严禁用手触摸。

（二）冲洗地面管线

风险 1：开关阀门时正对阀门，丝杠飞出，易导致物体打击。

控制措施：开关阀门时要站在阀门手轮侧面进行操作。

风险 2：使用 F 形扳手开关阀门，开口向内扳动手轮时，F 形扳手弹出，易导致物体打击。

控制措施：使用 F 形扳手开关阀门，扳动手轮开口应向外，拉动时缓慢平稳。

风险 3：冲洗地面管线时，污水随意排放，易导致环境污染。

控制措施：冲洗地面管线时，污水要排放至指定地点。

（三）正洗

风险 1：开关阀门时正对阀门，丝杠飞出，易导致物体打击。

控制措施：开关阀门时要站在阀门手轮侧面进行操作。

风险 2：使用 F 形扳手开关阀门，开口向内扳动手轮时，F 形扳手弹出，易导致物体打击。

控制措施：使用 F 形扳手开关阀门，扳动手轮开口应向外，拉动时缓慢平稳。

风险 3：洗井时，污水随意排放，易导致环境污染。

控制措施：洗井时，污水要排放至指定地点。

（四）恢复注水

风险 1：开关阀门时正对阀门，丝杠飞出，易导致物体打击。

控制措施：开关阀门时要站在阀门手轮侧面进行操作。

风险 2：使用 F 形扳手开关阀门，开口向内扳动手轮时，F 形扳手弹出，易导致物体打击。

控制措施：使用 F 形扳手开关阀门，扳动手轮开口应向外，拉动时缓慢平稳。

第四节　正注井反洗操作

一、概述

注水井注水一段时间或新井投注时要进行洗井，通过洗井，使水井、油层内的腐蚀物、杂质等脏物被冲洗出来，带出井外，避免油层被脏物堵塞，影响试注和注水效果。该项操作在作业中的频次较高，在操作过程中存在较大风险，主要风险有：高压刺漏伤人、物体打击、环境污染。

二、操作步骤

（一）准备

（1）F形扳手1把、600mm管钳1把、300mm活动扳手1把、高压水龙带1条、500mL取样瓶1个、棉纱若干、记录笔1支、记录本1本。

（2）穿戴好劳保用品。

（二）检查

（1）检查井口流程，各部位连接牢靠无渗漏，设施附件齐全、完好。

（2）确认两池容量，连接水龙带至排污池完好。

（三）冲洗地面管线

（1）关配水间注水流程，记录洗井流量计读数。

（2）关闭注水总阀，确认套管注水阀、套管洗井阀处于关闭状态。

（3）依次打开洗井放空阀门、油管洗井阀门。

（4）切换配水间洗井流程。

（5）取样分析，直至进出口水质一致时，关闭油管注水阀门。

（四）反洗

（1）开套管注水阀门、注水总阀门。

（2）开始洗井计时，洗井排量控制在15~30m^3/h。

（3）化验分析直至进出口水质一致时，停止洗井。

（五）恢复注水

（1）关套管注水阀门、油管洗井阀门、洗井放空阀门；开油管注水阀门，卸掉放空水龙带。

（2）改配水间注水流程。

（3）录取油压、套压、洗井时间、洗出的水质及用水量。

（4）按配注调整注水量。

（六）结束操作

（1）清理现场，收拾工用具。

（2）填写注水井洗井记录。

三、风险与防控措施

（一）准备

风险1：未检查井口各连接部位是否渗漏或刺漏，设施及附件是否齐全，操作时，易导致高压刺漏伤人。

控制措施：操作前，检查确认井口各连接部位无渗漏或刺漏，设施及附件齐全。

风险2：活动扳手开口调节过大、反打、用力过猛，扳手发生打滑，易导致物体打击。

控制措施：活动扳手使用时应根据螺栓大小调节开口，使固定端受力，平稳用力。

（二）冲洗地面管线

风险1：开关阀门时正对阀门，丝杠飞出，易导致物体打击。

控制措施：开关阀门时要站在阀门手轮侧面进行操作。

风险2：使用F形扳手开关阀门，开口向内扳动手轮时，F形扳手弹出，易导致物体打击。

控制措施：使用F形扳手开关阀门，扳动手轮开口应向外，拉动时缓慢平稳。

风险3：冲洗地面管线时，污水随意排放，易导致环境污染。

控制措施：冲洗地面管线时，污水要排放至指定地点。

（三）反洗

风险1：开关阀门时正对阀门，丝杠飞出，易导致物体打击。

控制措施：开关阀门时要站在阀门手轮侧面进行操作。

风险2：使用F形扳手开关阀门，开口向内扳动手轮时，F形扳手弹出，易导致物体打击。

控制措施：使用F形扳手开关阀门，扳动手轮开口应向外，拉动时缓慢平稳。

风险3：洗井时，污水随意排放，易导致环境污染。

控制措施：洗井时，污水要排放至指定地点。

（四）恢复注水

风险1：开关阀门时正对阀门，丝杠飞出，易导致物体打击。

控制措施：开关阀门时要站在阀门手轮侧面进行操作。

风险2：使用F形扳手开关阀门，开口向内扳动手轮时，F形扳手弹出，易导致物体打击。

控制措施：使用F形扳手开关阀门，扳动手轮开口应向外，拉动时缓慢平稳。

第五节 注水井井口取水样操作

一、概述

注水井是用来向油层注水的井。注水井取样是油水井生产管理中的一项重要工作，可以直观地了解注水井注入水的情况，为调整注水和对注入水的动态分析提供可靠的资料。该项操作在采油生产作业中的频次较高，在操作过程中存在较大风险，主要风险有：高压刺漏伤人、人员中毒、环境污染、物体打击。

二、操作步骤

（一）准备

（1）500mL水样瓶1个、放空桶1只、250mm活动扳手1把、擦布1块、记录笔1支、取样标签1张。

（2）穿戴好劳保用品。

（二）检查

（1）检查井口各连接部位无渗漏，仪表齐全、完好。

（2）检查水井正常生产。
（3）检查取样瓶干净、无油污、无残水、无杂质。

（三）取样

（1）缓慢打开取样阀门，将死水排净，冲洗取样瓶 3 次后，取满水样。
（2）关闭取样阀门。
（3）将取样井号、地点、日期、取样人姓名填写在取样标签上。

（四）结束操作

（1）清理现场，收拾工用具。
（2）填写取样记录。

三、风险与防控措施

注水井井口
取水样操作

（一）准备

风险：未检查井口各连接部位是否渗漏或刺漏，设施及附件是否齐全，操作时，易导致高压刺漏伤人。

控制措施：操作前，检查确认井口各连接部位无渗漏或刺漏，设施及附件齐全。

（二）取样

风险 1：污水回注井取样时人员未站在上风处，易导致人员中毒。
控制措施：取样时人员必须站在上风处。
风险 2：排空或清洗样桶时，污水随意排放，易导致环境污染。
控制措施：将污水按规定回收。
风险 3：开关取样阀门时正对阀门，丝杠飞出，易导致物体打击。
控制措施：开关阀门时要站在阀门手轮侧面进行操作。
风险 4：开关取样阀门时操作不平稳，开度过大或速度过快，易导致高压水刺漏伤人。

控制措施：开关取样阀门时须缓慢平稳操作。

第六节 更换注水井压力表操作

一、概述

压力表经过一段时间的使用，内部机件受到磨损和变形，导致仪表产生各种故障或量值的变化，从而损失精度，产生超差现象。为了保证压力表量值的准确性，以达到指示正确、安全可靠运行的目的，应对压力表进行周期检定更换。该项操作在作业中的频次较高，在操作过程中存在较大风险，主要风险有：高压刺漏伤人、仪表损坏、物体打击。

二、操作步骤

（一）准备

（1）250mm、200mm 活动扳手各 1 把，150mm 一字螺丝刀 1 把，通针 1 个，密封垫 1 个，合格压力表 1 块，棉纱若干，记录笔 1 支，记录本 1 本。

（2）穿戴好劳保用品。

（二）检查

（1）选择量程符合生产需要的压力表。

（2）检查新压力表有无合格证，核实校验标签。

（3）检查表盘、铅封完好。

（4）检查压力表指针落零，检查螺纹完好。

（5）检查表接头进液孔无堵塞。

（三）更换

（1）关压力表阀门，泄放压力表短节压力，缓慢卸下失效压力表。

（2）清除压力表接头内的油污和脏物。

（3）装密封垫，安装校验合格的压力表。

（4）开压力表阀门，密封螺纹不渗不漏。

（四）结束操作

（1）清理现场，收拾工用具。

（2）填写生产运行值班日志。

三、风险与防控措施

更换注水井压力表操作

（一）检查

风险1：检查井口各连接部位是否渗漏或刺漏，设施及附件是否齐全，发现渗漏用手触摸，易导致高压刺漏伤人。

控制措施：操作前，检查确认井口各连接部位无渗漏或刺漏，设施及附件齐全。如有渗漏，严禁用手触摸渗漏部位。

风险2：压力表量程选择过小，超压，易导致仪表损坏。

控制措施：根据注水压力选择合适量程的压力表。

（二）更换

风险1：拆卸压力表前未放空，带压操作，易导致高压刺漏伤人。

控制措施：拆卸压力表前必须先放空，严禁带压操作。

风险2：拆卸压力表时手拧表盘，易导致仪表损坏。

控制措施：拆卸压力表时必须使用工具，严禁手拧表盘。

风险3：活动扳手开口调节过大、反打、用力过猛，扳手发生打滑，易导致物体打击。

控制措施：活动扳手使用时应根据螺栓大小调节开口，使固定端受力，平稳用力。

第七节　更换注水井井口阀门操作

一、概述

注水井是一种向油层注入水的通道。在油田开发过程中，通过专门的注水井将水注入油藏中，保持或恢复油藏中储存的油层压力，使油藏有较强的驱动力，以提高油藏的开采速度和采收率。注水井的井口有一个井口阀门，该井口阀门经常出现渗漏、刺漏、腐蚀和开关困难等问题，所以注水井的井

口阀门需要更换。该项操作在作业中存在较大风险，主要风险有：高压刺漏伤人、物体打击、人员中毒、环境污染。

二、操作步骤

（一）准备

（1）F形扳手1把、36mm套筒扳手1把、600mm管钳1把、375mm活动扳手1把、1m撬杠2根、150mm一字螺丝刀1把、黄油1盒、放空桶1个、棉纱若干。

（2）穿戴好劳保用品。

（二）检查、停注

（1）检查油、套压力，井口流程、阀门开关状态正常。

（2）关配水间来水阀门、注水井停注。

（3）关总阀门、油管注水阀门、套管注水阀门，开井口阀门，观察压力表压力落零。

（三）更换阀门

（1）确认无余压，对角卸掉上下法兰螺栓。

（2）取出旧阀门，清洁阀门钢圈密封面。

（3）在新钢圈密封面涂上黄油，装上新阀门，对角上紧上下法兰螺栓，确认阀门关闭。

（四）投注

（1）关放空阀门，打开套管阀门试压，检查法兰无渗漏。

（2）缓慢全开配水间上游阀门，缓慢打开正注或反注阀门，调控下游阀门，控制注水量。

（3）检查流程正确，井口及配水间各连接部位无渗漏。

（五）结束操作

（1）清理现场，收拾工用具。

（2）填写注水井分井日报。

三、风险与防控措施

更换注水井井口阀门操作

（一）检查、停注

风险 1：检查井口各连接部位是否渗漏或刺漏，设施及附件是否齐全，发现渗漏用手触摸，易导致高压刺漏伤人。

控制措施：操作前，检查确认井口各连接部位无渗漏或刺漏，设施及附件齐全。如有渗漏，严禁用手触摸渗漏部位风险。

风险 2：使用 F 形扳手开关阀门，开口向内扳动手轮时，F 形扳手弹出，易导致物体打击。

控制措施：使用 F 形扳手开关阀门，扳动手轮开口应向外，拉动时缓慢平稳。

风险 3：井口未放空，操作时，易导致高压刺漏伤人。

控制措施：确认管线无余压后再进行操作，严禁带压操作。

风险 4：放空时，污水随意排放，易导致环境污染。

控制措施：将污水按规定回收。

（二）更换阀门

风险 1：拆卸阀门前，井口未放空或未检查确认有无余压，易导致高压刺漏伤人。

控制措施：确认管线无余压后再进行操作，严禁带压操作。

风险 2：开关阀门时正对阀门，丝杠飞出，易导致物体打击。

控制措施：开关阀门时要站在阀门手轮侧面进行操作。

风险 3：拆卸阀门前井口未放空，带压操作，易导致高压刺漏伤人。

控制措施：拆卸阀门前必须放空，严禁带压操作。

风险 4：活动扳手开口调节过大、反打、用力过猛，扳手发生打滑，易导致物体打击。

控制措施：活动扳手使用时应根据螺栓大小调节开口，使固定端受力，平稳用力。

风险 5：取下阀门时，两人配合不当使阀门掉落，易导致物体打击（安装阀门时存在相同风险）。

控制措施：取下阀门时须平稳操作。

风险6：安装阀门前，密封槽及钢圈未清理干净，试压时刺漏，易导致高压刺漏伤人及环境污染。

控制措施：安装阀门前，必须检查确认密封槽及钢圈清理干净。

（三）投注

风险1：使用F形扳手开关阀门，开口向内扳动手轮时，F形扳手弹出，易导致物体打击。

控制措施：使用F形扳手开关阀门，扳动手轮开口应向外，拉动时缓慢平稳。

风险2：投注前未进行试压，螺栓未上紧，易导致高压刺漏伤人及环境污染。

控制措施：投注前必须进行试压，检查确认无刺漏。

第八节 更换柱塞泵电接点压力表操作

一、概述

柱塞泵振动大，在工作中采用电接点压力表，主要利用电接点的辅助装置实现压力控制。电接点压力表与普通压力表一样，唯一的区别就是多了电气辅助装置，也就是增加两个触点。这样，可以灵活利用其触点发生逻辑变化从而实现自动化控制。经过一段时间的使用，内部机件受到磨损和变形，导致仪表产生各种故障或量值的变化，从而损失精度，产生超差现象。为了保证压力表量值的准确性，以达到指示正确、安全可靠运行的目的，应对电接点压力表进行周期检定更换。该项操作在作业中存在较大风险，主要风险有：人员触电、电弧灼伤、高压刺漏伤人、物体打击、仪表损坏。

二、操作步骤

（一）准备

（1）250mm、200mm活动扳手各1把，150mm一字螺丝刀1把，合格压力表1块，棉纱若干，记录笔1支，记录本1本。

（2）穿戴好劳保用品。

（二）检查

（1）选择量程符合生产需要的压力表。

（2）检查新压力表有无合格证，核实校验标签。

（3）检查表盘、铅封完好。

（4）检查压力表指针落零，检查螺纹完好。

（5）检查表接头进液孔无堵塞。

（三）更换

（1）关闭电源，拔掉电接点压力表电源。

（2）关闭导压管前端截止阀、泄放压力表短节压力，缓慢卸下失效压力表。

（3）清除表接头内的油污及脏物，将电接点压力表安装到导压管上。

（4）连接电接点压力表的接线。

（5）开压力表阀门，密封螺纹不渗不漏。

（6）按相应要求调整高爆点和低爆点。

（四）结束操作

（1）清理现场，收拾工用具。

（2）填写生产运行值班日志。

三、风险与防控措施

更换柱塞泵电接点压力表操作

（一）检查

风险1：未检查柱塞泵各连接部位是否渗漏或刺漏，设施及附件是否齐全，操作时易导致泄漏或伤人。

控制措施：操作前检查确认柱塞泵各连接部位无渗漏或刺漏，设施及附件齐全。

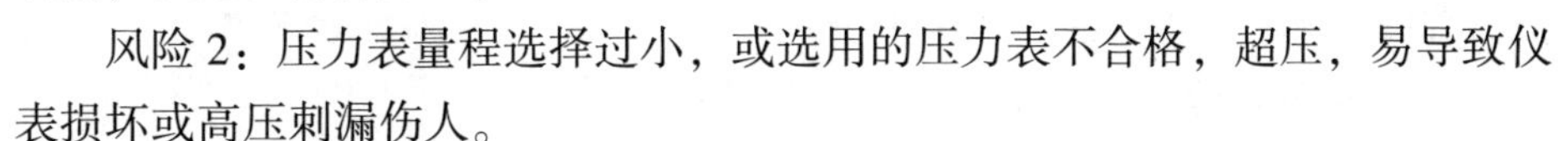

风险2：压力表量程选择过小，或选用的压力表不合格，超压，易导致仪表损坏或高压刺漏伤人。

控制措施：根据注水压力选择合适量程且校验合格的压力表。

（二）更换

风险1：接触配电柜前未验电，未戴绝缘手套，易导致人员触电。

控制措施：关闭电源前，必须使用验电笔对配电柜进行检测，并佩戴绝缘手套进行操作。

风险2：断电时未侧身，易导致电弧灼伤。

控制措施：断电时，严禁身体的任何部位正对配电柜。

风险3：拆卸压力表前未放空，带压操作，易导致高压刺漏伤人。

控制措施：拆卸压力表前必须先放空，严禁带压操作。

第九节 更换柱塞泵阀门操作

一、概述

柱塞泵依靠柱塞在缸体中往复运动，使密封工作容腔的容积发生变化来实现吸油、压油。柱塞泵工作时，在喷油泵凸轮轴上的凸轮与柱塞弹簧的作用下，迫使柱塞做上、下往复运动，从而完成泵油任务。由于长时间注水，柱塞泵阀门会出现渗漏、刺漏、腐蚀和开关困难等问题，所以需要对柱塞泵阀门进行更换。该项操作在作业中存在较大风险，主要风险有：物体打击、人员触电、电弧灼伤、机械伤害、高压刺漏伤人、人员中毒、环境污染、设备损坏。

二、操作步骤

（一）准备

（1）F形扳手1把、150mm一字螺丝刀1把、钢板尺1把、画规1把、剪刀1把、石棉垫片若干、试电笔1把、绝缘手套1副、放空桶1个、黄油1盒、棉纱若干、同型号法兰阀门1个。

（2）穿戴好劳保用品。

（二）检查

（1）检查流程正确完好。

（2）检查仪表、各阀门不渗不漏。

（三）切换流程

（1）缓慢打开回流阀门，泄压，停泵断电。
（2）关闭喂水泵、柱塞泵进、出口阀门，关配水间上、下游阀门。
（3）开放空阀门，对柱塞泵进出口管线进行放空。

（四）更换阀门

（1）确认无余压，对角卸掉上下法兰螺栓。
（2）取出旧阀门，清洁法兰密封面。
（3）制作新法兰垫子并涂上黄油，装上新阀门，装入法兰垫子，对角上紧上下法兰螺栓。

（五）恢复流程

（1）关放空阀门，开喂水泵、柱塞泵进、出口阀门。
（2）开配水间上、下游阀门，检查法兰无渗漏。
（3）送电，启动喂水泵、柱塞泵，缓慢关柱塞泵回流阀门，至压力达到规定值。

（六）结束操作

（1）清理现场，收拾工用具。
（2）填写设备维修保养记录。

更换柱塞泵阀门操作

三、风险与防控措施

（一）切换流程

风险 1：使用 F 形扳手开关阀门，开口向内扳动手轮时，F 形扳手弹出，易导致物体打击。

控制措施：使用 F 形扳手开关阀门，扳动手轮开口应向外，拉动时缓慢平稳。

风险 2：开关阀门时正对阀门，丝杠飞出，易导致物体打击。

控制措施：开关阀门时要站在阀门手轮侧面进行操作。

风险 3：停泵操作时，接触配电柜前未验电，未戴绝缘手套，易导致人员触电。

控制措施：停泵前，必须使用验电笔对配电柜进行检测，并佩戴绝缘手套进行操作。

风险 4：断电时未侧身，易导致电弧灼伤。

控制措施：断电时，严禁身体的任何部位正对配电柜。

（二）更换阀门

风险 1：拆卸出口阀门前，未检查确认有无余压，易导致高压刺漏伤人。

控制措施：确认管线无余压后再进行操作，严禁带压操作。

风险 2：卸螺栓时扳手反打、用力过猛，发生打滑，易导致物体打击。

控制措施：应根据螺栓大小选用合适的扳手，使用时严禁反打及反方向用力，平稳拉动。

风险 3：取下阀门时，两人配合不当使阀门掉落，易导致物体打击（安装阀门时存在相同风险）。

控制措施：取下阀门时需平稳操作。

风险 4：安装柱塞泵出口阀门前，密封槽及钢圈未清理干净，试压时刺漏，易导致高压刺漏伤人及环境污染（安装柱塞泵进口阀门前，未清理法兰密封面，试压时刺漏，易导致环境污染）。

控制措施：安装柱塞泵出口阀门前，必须检查确认密封槽及钢圈清理干净（安装柱塞泵进口阀门前，必须检查确认法兰密封面清理干净）。

（三）恢复流程

风险 1：使用 F 形扳手开关阀门，开口向内扳动手轮时，F 形扳手弹出，易导致物体打击。

控制措施：使用 F 形扳手开关阀门，扳动手轮开口应向外，拉动时缓慢平稳。

风险 2：未缓慢打开配水间出口阀门进行试压，螺栓未上紧，易导致高压刺漏伤人及环境污染。

控制措施：启动柱塞泵前必须进行试压，检查确认无刺漏。

风险 3：启动柱塞泵前，流程倒改错误，系统超压，易导致高压刺漏伤人及设备损坏。

控制措施：启动柱塞泵前，检查确认流程倒改正确。

风险4：启泵前，未对泵周围进行检查，如果有障碍物或人员，易导致机械伤害。

控制措施：启泵前，检查确认泵周围无障碍物和人员，然后启泵。

风险5：启泵操作时，接触配电柜前未验电，未戴绝缘手套，易导致人员触电。

控制措施：启泵前，必须使用验电笔对配电柜进行检测，并佩戴绝缘手套进行操作。

风险6：送电时未侧身，易导致电弧灼伤。

控制措施：送电时，严禁身体的任何部位正对配电柜。

第十节 柱塞泵倒泵操作

一、概述

对于长期稳定运行的柱塞泵，原则上不人为主动进行泵与备用泵的切换运行。当运行泵需要停机进行维护保养或维修，或长时间使用运行泵时，就需要进行切换，使用备用泵作业。该项操作在作业中存在较大风险，主要风险有：物体打击、人员触电、电弧灼伤、机械伤害、高压刺漏伤人。

二、操作步骤

（一）准备

（1）F形扳手1把、375mm活动扳手1把、试电笔1把、绝缘手套1副、棉纱若干、记录笔1支、记录本1本。

（2）穿戴好劳保用品。

（二）备用泵启动前检查

（1）检查电动机、备用泵各部位连接及固定螺栓无松动，曲轴箱油面应在视窗1/2处，油质无乳化变色。

（2）检查电动机接地及柱塞泵安全附件。

（3）开柱塞泵进出口阀门，用管钳盘泵使柱塞往返两次以上。

（4）开柱塞泵放空阀放空，空气放净后，关放空阀门，启动喂水泵。

（5）开高压回流阀。

（三）启备用泵

（1）确定泵周围无障碍物。

（2）摘停运牌，送电，启泵，使泵空载运行5～10min。

（3）检查泵运行正常。

（四）停运行泵

（1）按停止按钮，停泵。

（2）停喂水泵，关柱塞泵进、出口阀门。

（3）放空，断电，挂停运牌。

（五）调整水量

（1）缓慢关小高压回流阀门。

（2）分水器压力4～5MPa，开配水间干线出口阀门。

（3）根据生产需要调整注水压力，注水量。

（六）结束操作

（1）清理现场，收拾工用具。

（2）填写设备运转记录。

三、风险与防控措施

（一）备用泵启动前检查

风险1：未检查柱塞泵各连接部位是否渗漏或刺漏，设施及附件是否齐全，操作时，易导致高压刺漏伤人。

控制措施：操作前，检查确认柱塞泵各连接部位无渗漏或刺漏，设施及附件齐全。

风险2：检查螺栓紧固情况时，活动扳手开口调节过大、反打、用力过猛，扳手发生打滑，易导致物体打击。

控制措施：活动扳手使用时应根据螺栓大小调节开口，使固定端受力，平稳用力。

风险 3：使用 F 形扳手开关阀门，开口向内扳动手轮时，F 形扳手弹出，易导致物体打击。

控制措施：使用 F 形扳手开关阀门，扳动手轮开口应向外，拉动时缓慢平稳。

风险 4：开关高压回流阀门时正对阀门，丝杠飞出，易导致物体打击。

控制措施：开关阀门时要站在阀门手轮侧面进行操作。

风险 5：盘泵时管钳开口调节过大、反打、用力过猛，发生打滑，易导致物体打击。

控制措施：管钳使用时应根据柱塞泵皮带轮大小调节开口，平稳用力。

风险 6：启动喂水泵操作时未戴绝缘手套接触配电柜，送电未侧身，易导致人员触电或电弧灼伤。

控制措施：启动喂水泵操作时接触配电柜必须戴绝缘手套，送电必须侧身。

（二）启备用泵

风险 1：启泵前，未对泵周围进行检查，如果有障碍物或人员，易导致机械伤害。

控制措施：启泵前，检查确认泵周围无障碍物和人员，然后启泵。

风险 2：启泵操作时，接触配电柜前未验电，未戴绝缘手套，易导致人员触电。

控制措施：启泵前，必须使用验电笔对配电柜进行检测，并佩戴绝缘手套进行操作。

风险 3：送电时未侧身，易导致电弧烧伤。

控制措施：送电时，严禁身体的任何部位正对配电柜。

（三）停运行泵

风险 1：停泵操作时，接触配电柜前未验电，未戴绝缘手套，易导致人员触电。

控制措施：停泵前，必须使用验电笔对配电柜进行检测，并佩戴绝缘手套进行操作。

风险 2：断电时未侧身，易导致电弧烧伤。

控制措施：断电时，严禁身体的任何部位正对配电柜。

风险3：停泵后未切断电源，泵意外启动，易导致机械伤害。

控制措施：停泵后必须切断电源。

风险4：使用F形扳手开关阀门，开口向内扳动手轮时，F形扳手弹出，易导致物体打击。

控制措施：使用F形扳手开关阀门，扳动手轮开口应向外，拉动时缓慢平稳。

风险5：开关阀门时正对阀门，丝杠飞出，易导致物体打击。

控制措施：开关阀门时要站在阀门手轮侧面进行操作。

（四）调整水量

风险：开关阀门时正对阀门，丝杠飞出，易导致物体打击。

控制措施：开关阀门时要站在阀门手轮侧面进行操作。

第十一节　柱塞泵例行保养操作

一、概述

柱塞泵是液压系统的一个重要装置，具有额定压力高、结构紧凑、效率高和流量调节方便等优点，被广泛应用于高压、大流量和流量需要调节的场合。柱塞泵使用寿命的长短，与平时的维护保养、液压油的数量和质量、油液清洁度等有关，为延长柱塞泵寿命需要对柱塞泵进行例行保养。该项操作在作业中存在较大风险，主要风险有：物体打击、机械伤害、人员触电。

二、操作步骤

（一）准备

（1）F形扳手1把、375mm活动扳手1把、24～27mm梅花扳手1把、150mm一字螺丝刀1把、测温仪1把、密封填料若干、棉纱若干、记录笔1支、记录本1本。

（2）穿戴好劳保用品。

（二）检查润滑冷却情况

检查动力端机油数量，油面应在视孔的 1/2～2/3 处（一般不应超过刻度线），油温≤70℃。

（三）检查仪器仪表完好

检查压力表、安全阀、各阀门、垫子完好。

（四）检查连接部位

（1）检查、紧固各部位连接螺栓。

（2）检查密封函体的调节螺母无松动，查看泄漏量是否超规定。

（五）检查泵运行情况

（1）检查泵各部件应无温度骤升现象，各轴承处温度≤70℃，柱塞与密封填料摩擦处温度≤75℃，电动机温度≤90℃。

（2）泵运转时应无剧烈振动和异常声响，进、出液阀应无异常响声。

（3）检查泵出口压力，排量正常。

（六）检查其他情况

（1）检查电流，其读数不超过电动机额定值，瞬时最大电压不超过 420V。

（2）检查各阀门开、关位置正确。

（3）检查泵运行正常。

（七）结束操作

（1）清理现场，收拾工用具。

（2）填写设备运转记录。

柱塞泵例行保养操作

三、风险与防控措施

（一）检查连接部位

风险 1：检查螺栓紧固情况时，用套筒扳手紧固柱塞泵泵头压板螺栓时，使用方法错误或用力过猛，扳手发生打滑，易导致物体打击。

控制措施：套筒扳手使用时应根据螺栓大小选择合适规格，正确使用，平稳用力。

风险 2：在紧固密封填料压帽时，密封填料棒使用不当，发生滑脱，易导致物体打击。

控制措施：在紧固密封填料压帽时，必须停泵，使用密封填料棒时平稳用力。

（二）检查泵运行情况

风险：检查泵运行情况时，接触旋转部位，易导致机械伤害。

控制措施：检查泵运行情况时，严禁接触旋转部位。

（三）检查其他情况

风险：检查电气设备运行情况时，人体直接接触电气设备，易导致人员触电。

控制措施：检查电气设备运行情况时，严禁人体直接接触电气设备。

第十二节　更换柱塞泵安全阀操作

一、概述

柱塞泵上的安全阀，主要是用来防止泵的出口压力超出泵的实际承受压力，它的设定值决定了它所能供出的最高压力，主要是对泵起到保护作用。如果出口管线堵塞或者管路上截止阀误操作，压力会瞬间很大，造成管线和泵壳爆破，所以要定期对安全阀进行校验更换。该项操作在作业中存在较大风险，主要风险有：高压刺漏伤人、物体打击、人员触电、电弧灼伤、人员中毒、设备损坏。

二、操作步骤

（一）准备

（1）600mm 管钳 2 把、生料带 2 卷、检验合格安全阀 1 个、棉纱若干。

（2）穿戴好劳保用品。

（二）切换流程

（1）缓慢开回流阀门，泄压。

（2）停泵，断电。

（3）关喂水泵、柱塞泵进、出口阀门。

（4）开泵头放空阀门，对柱塞泵进行放空。

（三）拆卸、安装安全阀

（1）用管钳将旧安全阀缓慢卸下并放好。

（2）将检验合格的安全阀安装并上紧。

（四）恢复流程

（1）关泵头放空阀门，开喂水泵、柱塞进、出口阀门。

（2）送电，启动喂水泵、柱塞泵。

（3）缓慢关柱塞泵回流阀门，至压力达到规定值。

（五）结束操作

（1）清理现场，收拾工用具。

（2）填写设备维护保养记录。

更换柱塞泵
安全阀操作

三、风险与防控措施

（一）切换流程

风险1：未检查柱塞泵各连接部位是否渗漏或刺漏，设施及附件是否齐全，操作时，易导致高压刺漏伤人。

控制措施：操作前，检查确认柱塞泵各连接部位无渗漏或刺漏，设施及附件齐全。

风险2：使用F形扳手开关阀门，开口向内扳动手轮时，F形扳手弹出，易导致物体打击。

控制措施：使用F形扳手开关阀门，扳动手轮开口应向外，拉动时缓慢平稳。

风险3：开关高压回流阀门时正对阀门，丝杠飞出，易导致物体打击。

控制措施：开关阀门时要站在阀门手轮侧面进行操作。

风险4：停泵操作时，接触配电柜前未验电，未戴绝缘手套，易导致人员触电。

控制措施：停泵前，必须使用验电笔对配电柜进行检测，并佩戴绝缘手套进行操作。

风险5：断电时未侧身，易导致电弧烧伤。

控制措施：断电时，严禁身体的任何部位正对配电柜。

风险6：未对柱塞泵进行放空，带压操作，易导致高压刺漏伤人。

控制措施：确认柱塞泵无余压后再进行操作，严禁带压操作。

（二）拆卸、安装安全阀

风险1：拆卸安全阀前，未检查确认有无余压，易导致高压刺漏伤人。

控制措施：确认无余压后再进行操作，严禁带压操作。

风险2：管钳（活动扳手）开口调节过大、用力过猛，发生打滑，易导致物体打击。

控制措施：管钳或活动扳手使用时应根据管径大小调节开口，使固定端受力，平稳用力拉动。

风险3：安全阀额定压力选择过大或选用的安全阀不合格，超压，易导致设备损坏。

控制措施：根据注水压力选用符合工艺要求的安全阀。

（三）恢复流程

风险1：使用F形扳手开关阀门，开口向内扳动手轮时，F形扳手弹出，易导致物体打击。

控制措施：使用F形扳手开关阀门，扳动手轮开口应向外，拉动时缓慢平稳。

风险2：启动柱塞泵前，流程倒改错误，系统超压，易导致高压刺漏伤人及设备损坏。

控制措施：启动柱塞泵前，检查确认流程倒改正确。

风险3：启泵操作时，接触配电柜前未验电，未戴绝缘手套，易导致人员触电。

控制措施：启泵前，必须使用验电笔对配电柜进行检测，并佩戴绝缘手套进行操作。

风险4：送电时未侧身，易导致电弧烧伤。

控制措施：送电时，严禁身体的任何部位正对配电柜。

第十三节　更换配水间上下游控制阀门操作

一、概述

配水间的上下游控制阀门主要用来控制调节配水间的流量大小，同时阀门起到随时打开、关闭的作用，当旋紧螺母时，卡套受到压力，使其刃部咬入管子外壁，卡套外锥面又在压力下与接头体内锥面密合，因而能够可靠地防止泄漏。长时间打开、关闭阀门会造成阀门关闭不严泄漏，需进行更换。该项操作在作业中存在较大风险，主要风险有：高压刺漏伤人、物体打击、人员中毒、环境污染。

二、操作步骤

（一）准备

（1）F形扳手1把、375mm活动扳手1把、24～27mm梅花扳手1把、24～27mm固定扳手1把、150mm一字螺丝刀1把、撬杠2把、钢板尺1把、画规1个、剪刀1把、石棉板若干、试电笔1把、绝缘手套1副、放空桶1个、黄油1盒、同型号法兰阀门2个、棉纱若干、记录笔1支、记录本1本。

（二）切换流程

（1）通知上游站停注水泵，关闭配水间来水总阀门。

（2）关注水井注水井口阀门，关闭配水间其他注水井配水上、下游控制阀门。

（3）打开放空阀门泄压，观察压力表压力落零。

（三）更换阀门

（1）确认无余压，对角卸掉上下法兰螺栓。

（2）旧出旧阀门，清洁法兰密封面。

（3）制作新法兰垫子并涂上黄油，装上新阀门，装入法兰垫子，对角上紧上下法兰螺栓，确认阀门关闭。

（四）恢复流程

（1）关放空阀门，打开配水间其他注水井配水上、下游控制阀门，开注水井注水进口阀门，检查安装部位无渗漏。

（2）开配水间来水总阀门。

（3）通知上游站启动注水泵。

（五）调整注水量

（1）用F形扳手侧身缓慢调整下游阀门开度，同时观察流量计瞬时流量。

（2）当瞬时流量折算完达到新配水量后，停止操作。

（3）观察瞬时流量5min，瞬时流量若基本稳定，则注水量已经基本符合要求，记录油压、泵压、套压、瞬时水量及水表读数。

（六）结束操作

（1）清理现场，收拾工用具。

（2）填写设备维护保养记录。

更换配水间上下游控制阀门操作

三、风险与防控措施

（一）准备

风险：未检查配水间各连接部位是否渗漏或刺漏，设施及附件是否齐全，操作时，易导致高压刺漏伤人。

控制措施：操作前，检查确认配水间各连接部位无渗漏或刺漏，设施及附件齐全。

（二）切换流程

风险1：使用F形扳手开关阀门，开口向内扳动手轮时，F形扳手弹出，易导致物体打击。

控制措施：使用F形扳手开关阀门，扳动手轮开口应向外，拉动时缓慢平稳。

风险2：开关阀门时正对阀门，丝杠飞出，易导致物体打击。

控制措施：开关阀门时要站在阀门手轮侧面进行操作。

风险3：未对上、下游管线进行放空，带压操作，易导致高压刺漏伤人。

控制措施：确认管线无余压后再进行操作，严禁带压操作。

风险4：污水回注管线放空时未随时监测有毒有害气体浓度，易导致人员中毒。

控制措施：污水回注管线放空时应随时监测有毒有害气体浓度。

风险5：放空时，污水随意排放，易导致环境污染。

控制措施：将污水按规定回收。

风险6：受限空间排放未用导流管引出排放，易导致人员中毒。

控制措施：受限空间排放必须使用导流管引出排放。

（三）更换阀门

风险1：拆卸阀门前，未检查确认有无余压，易导致高压刺漏伤人。

控制措施：确认管线无余压后再进行操作，严禁带压操作。

风险2：活动扳手开口调节过大、反打、用力过猛，扳手发生打滑，易导致物体打击。

控制措施：活动扳手使用时应根据螺栓大小调节开口，使固定端受力，平稳用力。

风险3：取下阀门时，两人配合不当使阀门掉落，易导致物体打击。（安装阀门时存在相同风险）

控制措施：取下阀门时须平稳操作。

风险4：安装上、下游阀门前，密封槽及钢圈未清理干净，试压时刺漏，易导致高压刺漏伤人及环境污染。

控制措施：安装上、下游阀门前，必须检查确认密封槽及钢圈清理干净。

（四）恢复流程

风险1：使用F形扳手开关阀门，开口向内扳动手轮时，F形扳手弹出，易导致物体打击。

控制措施：使用F形扳手开关阀门，扳动手轮开口应向外，拉动时缓慢平稳。

风险2：开关阀门时正对阀门，丝杠飞出，易导致物体打击。

控制措施：开关阀门时要站在阀门手轮侧面进行操作。

风险3：未缓慢打开配水间下游阀门进行试压，螺栓未上紧，易导致高压刺漏伤人及环境污染。

控制措施：恢复流程前必须进行试压，检查确认无刺漏。

第四章 增压站/接转站风险辨识与防控措施

第一节 立式常压水套加热炉运行标准操作（燃气）

一、概述

立式常压水套加热炉是油、气田集输中的专用加热设备，可配备于油井井场及输气站、输油站。它可对原油、天然气、井产物、污水等多种介质进行加热，同时还可提供生产、生活用热水。该项操作在采油生产作业中的频次较高，在操作过程存在较大风险，主要风险有：物体打击、油气中毒、火灾爆炸、设备损坏、人员伤亡。

二、操作步骤

（一）准备

（1）F形扳手1把、250mm活动扳手1把、300mm活动扳手1把、点火钩1个、火种、擦布1块。

(2) 检查烟道挡板、烟囱绷绳，检查炉口两道供气阀门处于关闭状态。

(3) 检查水位计、温度计、压力表。

(4) 打开加热炉水进口阀门，确认出水阀门关闭，打开储水罐出水阀门、补水泵进水阀门，打开补水控制阀门。

(5) 按补水泵启动按钮，待压力上升后，开补水泵出口阀门，给加热炉加水至水位计1/2~2/3处，关闭补水泵出口阀门，停泵，关闭储水罐出水阀门。

(6) 穿戴好劳保用品。

(二) 切换流程

开天然气分离器（压力缸）气出口阀门，压力控制在0.1~0.3MPa。

(三) 点炉

(1) 开风门挡板，自然通风15min。

(2) 将引燃物引燃，放至火嘴前方，慢开供气阀门。

(3) 调节风门挡板、混合气比例。

(4) 运行正常后，开油进、出口阀门，关旁通阀门。

(5) 开加热炉水出口阀门，按启动按钮起循环泵，待压力上升后，打开泵出口阀门，使泵打循环。

(四) 运行检查

(1) 检查水位和炉温，水位保持在1/2~2/3处。

(2) 检查温油盘管进、出口温度，压力。

(3) 检查燃烧情况（火焰呈淡蓝色）。

(五) 停炉操作

(1) 关闭天然气分离器（压力缸）气出口阀门，关加热炉供气阀门，打开炉门通风。

(2) 关闭循环泵出口阀门，停泵，关闭循环泵进口阀门，关加热炉水进、出口阀门。

(3) 开旁通阀门，关进、出油阀门。

（六）填写记录

填写加热炉运转记录。

立式常压水套加热炉运行标准操作（燃气）

三、风险与防控措施

风险 1：绷绳断、腐蚀严重、外力撞击或地基下陷等因素导致烟囱倒塌，易发生物体打击。

控制措施：定期检查绷绳、安全附件、基础是否完好并设立明显标志。

风险 2：未用试漏液对供气管线、阀门连接处进行检测，易导致油气中毒、火灾爆炸。

控制措施：定期用试漏液对供气管线、阀门连接处进行检测。

风险 3：加热炉进气管线未安装阻火器，回火，易导致火灾爆炸及设备损坏。

控制措施：加热炉进气管线必须安装阻火器、调压阀。

风险 4：使用 F 形扳手开关阀门，开口向内扳动手轮时，F 形扳手弹出，易导致物体打击。

控制措施：使用 F 形扳手开关阀门，扳动手轮开口应向外，拉动时缓慢平稳。

风险 5：开关阀门时正对阀门，丝杠飞出，易导致物体打击。

控制措施：开关阀门时要站在阀门手轮侧面进行操作。

风险 6：点炉前，通风不充分，点炉时可燃气体遇明火发生闪爆，易导致火灾爆炸、人员伤亡。

控制措施：在点炉前自然通风 15~30min，确保无可燃气体。

风险 7：加热炉点火时人员正对炉门，炉膛回火，易导致火灾爆炸及设备损坏。

控制措施：加热炉点火时人员应站在炉门侧面。

风险 8：点火时，先开供气阀门，后点火，发生闪爆，易导致人员伤亡、火灾爆炸。

控制措施：点火时，将引燃物用点火钩从点火孔送入炉膛，再缓慢打开供气阀门将火点燃。

风险 9：加热炉缺水，烧干锅，易导致设备损坏。

控制措施：点炉前检查确认炉内水位淹没加温盘管。

风险10：加热炉停炉时，炉膛温度未降至环境温度，就关闭加热炉油进出口阀门，易导致憋压刺漏或其他事故。

控制措施：停炉作业后，待炉膛内温度降到环境温度后，关闭油进出口阀门。

第二节　油气混输橇运行操作

一、概述

油气混输橇是国内石油行业推进数字化管理的标志性设备。该装置的投入使用使生产流程得到了简化和优化，用于原油混合物的增压混输站场。油气混输橇主要由集成装置本体（加热区和缓冲区）、混输泵、阀门、仪表、燃烧器、可编程控制器（PLC）、变频器、管线和橇座等部件组成。每位员工对油气混输橇要有一个全面的认识，达到懂结构原理、懂故障判断、会操作、会排除故障。该橇在操作过程存在较大风险，主要风险有：设备损坏、油气中毒、火灾爆炸、人员伤亡、物体打击、环境污染、人员触电、电弧灼伤、机械伤害。

二、操作步骤

（一）准备

（1）F形扳手1把、试电笔1支、绝缘手套1副、擦布1块、记录笔1支、记录纸1张。

（2）穿戴好劳保用品。

（二）操作前检查

（1）运行前，巡回检查，检查加热炉进口阀门开启，检查1号电动阀状态、4号电动阀状态。

（2）检查缓冲罐液位、2号电动阀状态、3号电动阀状态。

（3）加热炉出口阀门开启，检查加热炉液位、温度，加热炉供气阀门开启，加热炉炉膛火焰正常，各部位接线紧固，打开外输泵出口压力取压阀门。

（三）切换流程（1号流程）

（1）将2号电动三通阀调至现场挡位、切换至1号泵方向。

（2）将3号电动调节阀调至现场挡位，切换到关闭状态。

（3）将1号电动三通阀调至现场挡位、流程切换至上泵外输状态。

（4）盘1号泵3~4圈。

（5）变频柜验电，合上总电源空气开关，观察电源指示灯亮，将1号变频器控制状态切换至变频手动模式。按下1号泵变频启动按钮。

（6）观察转动方向与泵标牌所示方向一致，1号泵进口压力，泵转速逐渐升高，出口压力稳定，泵开始正常运行。

（7）运行时测试泵体及电动机运转温度，观察缓冲罐液位，当液位下降至底线时进行停泵。

（四）站控操作

（1）双击油气混输橇控制系统进入控制系统主界面；在“登录”窗口中，输入操作登录名和密码进入主程序；主程序画面内菜单栏共分10项。

（2）首先进入报警事件查看报警信息，对报警信息进行现场故障排查。

（3）进入故障检测，进行设备故障自检。

（4）在主控界面检查各项采集参数是否正常，将现场1号、2号、3号电动阀调至远方挡位。

（5）根据生产实际运行情况进行流程切换：点击流程切换界面，先停泵，再选择相应流程进行切换，观察相应电动阀运行至对应流程开度。

（6）观察螺杆泵运行状态由红变绿，三相电参数值上升，泵出口压力上升至平稳，系统正常运行。

（7）运行期间，观察各项运行参数正常，趋势曲线平稳。

（8）每2h对报表生成参数进行校对，根据现场生产环境对报警参数进行相应调整。

（五）填写工作记录

填写油气混输橇操作记录。

三、风险与防控措施

油气混输橇
运行操作

风险 1：未检查安全附件是否齐全完好，是否在有效期内，易导致设备损坏（例如安全阀失效，缓冲罐超压，导致变形、刺漏、爆炸）。

控制措施：检查确认安全附件齐全且在有效期内。

风险 2：未用试漏液对供气管线、阀门连接处进行检测，易导致油气中毒、火灾爆炸。

控制措施：定期用试漏液对供气管线、阀门连接处进行检测。

风险 3：启泵操作时，接触配电柜前未验电，未戴绝缘手套，易导致人员触电。

控制措施：启泵前，必须使用验电笔对配电柜进行检测，并佩戴绝缘手套进行操作。

风险 4：送电时未侧身，易导致电弧烧伤。

控制措施：送电时，严禁身体的任何部位正对配电柜。

风险 5：未及时处理报警信息（温度、压力、流量、液位、可燃气体浓度等），易导致设备损坏、环境污染、火灾爆炸。

控制措施：发生报警要及时查看报警信息并处理。

第三节　电加热收球筒收球操作

一、概述

收球是采油作业中最常见的工作之一。站内收球可验证每口油井是否正常投球、集油管线是否畅通，是采油工日常管理中一项比较简单的操作技能。收球操作过程存在较大风险，主要风险有：物体打击、油气泄漏、油气中毒、人员触电、电弧灼伤。

二、操作步骤

（一）准备

（1）检查确保收球流程正确，收球筒电加热线路完好。

(2) 穿戴好劳保用品。

(二) 流程切换

(1) 侧身打开收球筒旁通阀门，依次关闭进、出口阀门。

(2) 打开放空阀门进行放空。

(三) 加热

(1) 启动电加热装置。

(2) 待收球筒内温度显示 40~50℃时，停止加热，切断电源。

(四) 收球

(1) 待压力为零时，卸下定位锁销，打开收球快速法兰。

(2) 戴上耐油手套或利用收球工具将球取出，检查法兰密封圈完好，并在密封圈上涂上黄油，关收球快速法兰（或收球筒门盖）。

(3) 上好定位锁销。

(五) 恢复流程

关闭放空阀门，缓慢打开出口阀门，检查无渗漏后，打开进口阀门，关旁通阀门。

(六) 结束收球

(1) 用棉纱清洗干净清蜡球，检查并做好收球记录。

(2) 按井组摆放好收到的清蜡球。

(七) 清理现场，填写记录

清理现场，收拾工具，填写投收球记录。

电加热收球筒收球操作

三、风险与防控措施

风险 1：使用 F 形扳手开关阀门，开口向内扳动手轮时，F 形扳手弹出，易导致物体打击。

控制措施：使用 F 形扳手开关阀门，扳动手轮开口应向外，拉动时缓慢平稳。

风险 2：未对收球筒进行放空，带压操作，易导致油气泄漏。

控制措施：对收球筒进行放空，确认收球筒无余压后再进行操作，严禁带压操作。

风险 3：启动电加热装置操作时，接触配电柜前未验电，未戴绝缘手套，易导致人员触电。

控制措施：使用验电笔检测电加热装置配电柜，且佩戴绝缘手套进行操作。

风险 4：安装快速法兰，密封圈未装平或损坏，试压时刺漏，易导致油气泄漏及油气中毒。

控制措施：安装快速法兰，必须检查确认密封圈完好并装正。

第四节　站内加药标准操作

一、概述

为了控制站内系统和管线结垢，确保化学助剂投加效果，做到合理、到位地投加各类化学助剂，有效减缓腐蚀、结垢速度，真正起到防垢的作用，在采油站内均使用加药装置投加的方式。该项操作在采油生产作业中的频次较高，站内加药操作过程中，存在以下主要风险：人员中毒、皮肤腐蚀、眼睛灼伤、物体打击、油气泄漏、油气中毒、人员触电、电弧灼伤。

二、操作步骤

（一）准备

（1）200mm 活动扳手 1 把、防护手套 1 双、计算器 1 个、护目镜 1 副、口罩 1 副、擦布 1 块、按生产井计算好的药剂量若干、记录笔 1 支、记录本 1 本。

（2）根据本站生产情况，计算核实加药浓度和加药量。

（3）打开门窗通风，检查轴流风机开启；摘掉备运牌，检查加药罐清洁、加药管路畅通，检查加药泵油室液位。

（4）穿戴好劳保用品。

（二）切换流程

（1）打开加药罐口，将准备好的药剂缓慢从罐口加入，打开加水阀门，观察加药罐液位，关闭加水阀门。

（2）合上电源总开关，启动搅拌机，将药剂搅拌均匀后，停搅拌机。

（三）启加药泵

（1）开加药罐出口阀门、加药泵进/出口阀门。

（2）启加药泵，观察压力和上量情况。

（3）根据加药规定，计算调整加药泵排量。

（四）运行检查

检查加药泵无渗漏、加药罐液位下降情况，判断加药泵运转正常后，挂上运行牌。

（五）停止加药操作

（1）检查加药罐液位，停加药泵。

（2）关加药泵进、出口阀门及加药罐出口阀门。

（3）挂好备运牌。

（六）填写工作记录

填写加药记录。

站内加药标准操作

三、风险与防控措施

风险1：加药前未开门窗通风，易导致人员中毒。

控制措施：加药前应先打开门窗通风。

风险2：加药过程中个人防护用具佩戴不全，易导致人员中毒。

控制措施：加药过程必须佩戴防护手套、防护口罩和护目眼镜。

风险3：送电时未侧身，易导致电弧烧伤。

控制措施：送电时，严禁身体的任何部位正对配电柜。

风险4：启动加药泵前，流程倒改错误，系统超压，易导致设备损坏。

控制措施：启动加药泵前，检查确认流程倒改正确。

风险5：检查电气设备运行情况时，人体直接接触电气设备，易导致人员触电。

控制措施：检查电气设备运行情况时，严禁人体直接接触电气设备。

第五节　清洗过滤器滤网标准操作

一、概述

油田各站内的过滤器安装在管道上能除去流体中的较大固体杂质，使机器设备（包括压缩机、泵等）、仪表能正常工作和运转，起到稳定工艺过程、保障安全生产的作用。该项操作在采油生产作业中的频次较高，在操作过程存在较大风险，主要风险有：人员中毒、皮肤腐蚀、眼睛灼伤、物体打击、油气泄漏、油气中毒、人员触电、电弧灼伤。

二、操作步骤

（一）准备

（1）F形扳手1把、300mm活动扳手1把、毛刷1把、500mm撬杠1根、耐油手套1副、护目镜1副、清洗盆1个、清洗剂若干、黄油若干、擦布、记录笔1支、记录本1本。

（2）穿戴好劳保用品。

（二）切换流程

确认关闭输油泵进、出口阀门，打开放空阀门，泄压放空，确认压力落零。

（三）卸开过滤器盖

卸开过滤器卡箍固定螺栓，用撬杠撬开卡箍，旋开过滤器盖，并移开。

（四）清洗滤网

（1）取出过滤网，清洁过滤网及过滤器内脏物。

（2）检查滤网完好程度，如果破损及时更换。

（3）安装过滤网，密封圈上涂抹黄油，旋紧过滤器盖，上紧过滤器卡箍固定螺栓。

（五）恢复流程

（1）关闭放空阀门，缓慢打开进口阀门试压。

（2）确认流程不渗、不漏时，关闭进口阀门。

（3）收拾工具，清理现场。

清洗过滤器滤网标准操作

（六）填写工作记录

填写设备运转记录。

三、风险与防控措施

风险1：未开门窗通风，未开启或无通风设备，易导致人员中毒。

控制措施：应打开门窗通风，检查确认轴流风机开启。

风险2：未对过滤器进行放空，带压操作，易导致油气泄漏及油气中毒。

控制措施：确认过滤器无余压后再进行操作，严禁带压操作。

风险3：用撬杠转动压盖退扣时，深入压盖孔过短，撬杠打滑，易导致人员伤害、物体打击。

控制措施：用撬杠转动压盖退扣时，撬杠伸入压盖孔长度要合适，用力要平稳，操作人员身体应避开撬杠端头。

风险4：压力未落零便打开压盖，带压作业，易导致油气泄漏及物体打击。

控制措施：检查确认压力落零后，再打开压盖。

风险5：移开过滤器压盖后，压盖掉落，易导致物体打击。

控制措施：移开过滤器压盖后，在压盖丝杆顶端加装防脱器，对压盖进行固定，且人员肢体严禁处于压盖下方。

风险6：安装压盖前，密封圈未装平或损坏，试压时刺漏，易导致油气泄漏及油气中毒。

控制措施：安装压盖前，必须检查确认密封圈完好并涂抹黄油。

风险7：未试压直接恢复流程，易导致油气泄漏。

控制措施：先进行试压，检查确认过滤器压盖无渗漏，再恢复流程。

第六节 单螺杆泵启、停标准操作

一、概述

单螺杆泵依靠螺杆相互啮合空间的容积变化来输送液体。它通过单线螺旋的转子在双线螺旋的定子孔内绕定子轴线做行星回转时，转子—定子副之间形成的密闭腔就连续、匀速且容积不变地将介质从吸入端输送到压出端。单螺杆泵在传输液体的过程中具有不受搅动、脉动小等特征，所以在油田输送油水设备中普遍应用。该项操作在采油生产作业中的频次较高，在操作过程存在较大风险，主要风险有：人员中毒、物体打击、油气泄漏、机械伤害、人员触电、电弧灼伤。

二、操作步骤

（一）准备

（1）F形扳手1把、300mm活动扳手1把、专用盘泵扳手1把、500mm撬杠1根、计算器1个、100mm钢板尺1把、测温枪1把、擦布1块、记录笔1支、记录本1本。

（2）打开门窗通风，检查轴流风机开启。

（3）检查仪表、线路、润滑系统，检查各连接部位紧固，接地线牢固。

（4）用直尺检查机、泵联轴器同心度（两联轴器间距控制在4~6mm，径向误差不超过0.06~0.1mm，轴向误差不超过0.06~0.3mm）。

（5）穿戴好劳保用品。

（二）切换流程

（1）核实缓冲罐液位，打开缓冲罐出口阀门。

（2）通知下游站，准备启泵。

（3）摘掉备用牌，打开泵进、出口阀门，开泵出口阀门放空，按泵旋转方向盘泵3~5圈，关放空阀门。

（三）启泵

按启泵按钮启泵。

（四）运行及检查

（1）检查泵进/出口压力、排量、外输压力。

（2）检查各密封部位的渗漏情况，泵体的振动情况，如有异常及时调整。

（3）用测温枪测电动机及泵体温度（不超过65℃）。

（五）停泵

（1）通知下游站，按停止按钮停泵。

（2）关泵进、出口阀门，开放空阀门放尽泵内液体，关放空阀门。

（3）摘下运行牌，挂备用牌，关闭缓冲罐出口阀门，核实缓冲罐液位。

（4）清理现场，收拾工具。

（六）填写工作记录

计算外输量，填写设备运转记录。

单螺杆泵启、停标准操作

三、风险与防控措施

风险1：未开门窗通风，未开启或无通风设备，易导致人员中毒。

控制措施：应打开门窗通风，检查确认轴流风机开启。

风险2：启泵前，未打开泵出口阀门，易导致设备损坏及油气泄漏。

控制措施：启泵前，检查确认泵进出口阀门打开，然后启泵。

风险3：启泵前切换流程用力过猛，F形扳手打滑易导致物体打击。

控制措施：正确使用F形扳手开关阀门，用力适当。

风险4：启泵前，未对泵周围进行检查，如果有障碍物或人员，易导致机械伤害。

控制措施：启泵前，检查确认泵周围无障碍物和人员，然后启泵。

风险5：启泵操作时，接触配电柜前未验电，未戴绝缘手套，易导致人员触电。

控制措施：启泵前，必须使用验电笔对配电柜进行检测，并佩戴绝缘手套进行操作。

风险6：送电时未侧身，易导致电弧灼伤。

控制措施：送电时，严禁身体的任何部位正对配电柜。

风险7：检查电气设备运行情况时，人体直接接触电气设备，易导致人员触电。

控制措施：检查电气设备运行情况时，严禁人体直接接触电气设备。

第七节　油气分离器启、停操作

一、概述

油气分离器是采油井站常用设备，由于产出的原油中含有油、气、水、杂质等对管道进行腐蚀、堵塞，转油站及增压站经缓冲罐分离出的油，再经过油气分离器进行二次分离，分离出固体、气体及游离水，确保原油输送正常。该项操作在采油生产作业中的频次较高，在操作过程存在较大风险，主要风险有：油气泄漏、物体打击、环境污染、设备损坏、油气中毒。

二、操作步骤

（一）准备

（1）250mm 活动扳手 1 把、500mmF 形扳手 1 把、100mm 平口螺丝刀 1 把、棉纱少许等。

（2）穿戴好劳保用品。

（二）切换流程

（1）开分离器进、出口阀门，关旁通阀门，开气出口阀门。

（2）开事故罐（缓冲罐进口阀门）。

（三）运行检查

（1）检查压力，控制在 0.2~0.4MPa。

（2）检查出油阀座、活动阀工作情况。

（四）停运

开旁通阀门，关分离器进、出口阀门，关气出口阀门。

（五）填写工作记录

填写设备运转记录。

三、风险与防控措施

风险1：未检查安全附件是否齐全完好，操作时，易导致油气泄漏。

控制措施：操作前，检查确认安全附件齐全完好且校验合格。

风险2：使用F形扳手开关阀门，开口向内扳动手轮时，F形扳手弹出，易导致物体打击。

控制措施：使用F形扳手开关阀门，扳动手轮开口应向外，拉动时缓慢平稳。

风险3：放空时，人员站在下风处，易导致油气中毒。

控制措施：放空时，人员应站在上风处。

风险4：分离器在运行中，超过运行压力，易导致油气泄漏及环境污染。

控制措施：分离器运行时的压力控制在0.2~0.4MPa。

第八节 更换缓冲罐磁浮式液位计操作

一、概述

磁浮式液位计的基本类型为翻柱式现场指示型，其配上液位报警器可实现远距离液位或界位上/下限位报警、限位控制或联锁，与变送（远传）装置配合可将液位的变化转换成标准电流信号（4~20mA）或兼容HART协议的数字信号（两线制），实现液位或界位的远距离指示、检测或控制。该项操作在采油生产作业中的频次较高，在操作过程存在较大风险，主要风险有：油气泄漏、高处坠落、油气中毒、物体打击、仪表损坏、环境污染。

二、操作步骤

（一）准备

（1）校验合格的磁浮式液位计、活动扳手、密封垫子。

（2）穿戴好劳保用品。

（二）切换流程

关磁浮式液位计上、下控制阀门。

（三）更换

（1）卸掉旧磁浮式液位计法兰连接螺栓，取下旧磁浮式液位计，清理法兰面。

（2）将校验合格的磁浮式液位计加好密封垫子，对角上紧法兰连接螺栓。

（四）测试

（1）开磁浮式液位计上、下测试阀门，检查各部位无渗漏。

（2）用磁刷由上至下将液位计磁浮刷两遍，检查液位计运行正常。

（3）清理现场，交付使用。

（五）填写工作记录

填写设备运转记录。

更换缓冲罐磁浮式液位计操作

三、风险与防控措施

风险1：选用液位计不合格，运行中出现假液位，易导致油气泄漏。

控制措施：选用校验合格的液位计。

风险2：上、下操作平台时，易导致人员高处坠落。

控制措施：上、下操作平台时，必须手扶扶梯，严禁手拿工具。

风险3：在操作平台上操作未系安全带，易导致人员高处坠落。

控制措施：按要求系好安全带。

风险4：未对液位计进行放空，带压操作，易导致油气泄漏及油气中毒。

控制措施：确认液位计无余压后再进行操作，严禁带压操作。

风险5：在高处作业过程中工具掉落，易导致物体打击。

控制措施：在高处作业时必须使用工具袋，工具必须系安全绳。

风险6：取下液位计时，两人配合不当使液位计掉落，易导致物体打击及仪表损坏（安装液位计时存在相同风险）。

控制措施：取下液位计时须平稳操作。

风险7：安装液位计未加装法兰垫片，试压时，易导致油气泄漏及环境污染。

控制措施：检查确认法兰垫片装正。

第九节 更换温度变送器操作

一、概述

温度变送器是过程变量变送器中很重要的一类，它是测量流量、密度及其他过程变量的基本要素之一。其作用是将传感器技术和附加的电子部件结合在一起，实现远方设定或远方修改组态数据。该项操作在采油生产作业中的频次较高，在操作过程存在较大风险，主要风险有：仪表损坏、设备损坏、人员触电、物体打击、火灾爆炸。

二、操作步骤

（一）准备

（1）温度变送器 1 个、数字万用表 1 个、300mm 活动扳手 1 把、375mm 活动扳手 1 把、400mm 活动扳手 1 把、100mm 一字螺丝刀 1 把、试电笔 1 支、绝缘手套 1 副、生料带 1 卷、警示牌 1 块、导热油 0. 5kg。

（2）穿戴好劳保用品。

（二）断电

用试电笔测试 PLC 柜锁芯，确定不带电情况下，戴绝缘手套打开柜门，将相对应位置的温度变送器熔断器拉开，挂禁止合闸警示牌。

（三）拆卸

（1）打开温度变送器接线盒盖，记住线序，将数据线拆除。

（2）拆掉防爆管。

（3）逆时针转动温度变送器直至卸掉。

（四）安装

（1）给校验合格的温度变送器底座中加入导热油。

（2）在温度变送器接头处逆时针缠绕生胶带紧固。

（3）按照原来的接线线序将数据线接好，上紧新温度变送器后盖、防爆管。

（五）通电

（1）摘掉禁止合闸警示牌，合上 PLC 柜对应温度变送器熔断器。

（2）用万用表在 PLC 柜内测量电压（0～24V）、将熔断器断开测量电流（4～20mA），合上熔断器，确定一切正常。

（3）进入站控系统，确认温度变送器数值正常。

（六）填写工作记录

填写仪器仪表更换台账。

更换温度变送器操作

三、风险与防控措施

风险 1：接触配电柜前未验电、未戴绝缘手套，易导致人员触电。

控制措施：接触配电柜前先用验电笔验电，再戴绝缘手套断电。

风险 2：拆卸仪表时活动扳手开口调节过大、反打、用力过猛，扳手发生打滑，易导致物体打击。

控制措施：活动扳手使用时应根据仪表接头规格调节开口，使固定端受力，平稳用力。

风险 3：防爆管接头处密封不严，易导致火灾爆炸。

控制措施：检查确认防爆管接头处密封良好。

第十节 更换压力变送器操作

一、概述

压力变送器是一种将压力变量转换为可传送的标准输出信号（4～20mA）的仪表，而且输出信号与压力变量之间有一定的连续函数关系，主要用于管线、容器等设备内介质的压力参数的测量、控制、传输。该项操作在采油生产作业中的频次较高，在操作过程存在较大风险，主要风险有：仪表损坏、高压刺漏伤人、人员触电、物体打击、火灾爆炸、设备损坏。

二、操作步骤

（一）准备

（1）300mm 和 375mm 活动扳手各 1 把、生料带 1 卷、150mm 一字螺丝刀、100mm 十字螺丝刀 1 把、200mm 尖嘴钳 1 把、数字万用表 1 块、校验合格的压力变送器 1 个、记录本 1 本、记录笔 1 支。

（2）穿戴好劳保用品。

（二）断电

打开配电柜，切断 PLC 上的 24V 直流电。

（三）拆卸

（1）关闭压力变送器控制阀门，卸下压力变送器后盖，拆除 24V 直流电源连线及信号线。

（2）卸下防爆软管接头。

（3）逆时针转动压力变送器直至卸掉。

（四）安装

（1）在校验合格的压力变送器接头处逆时针方向缠绕生料带，紧固。

（2）开压力变送器后盖，连接 24V 直流电源连接线及信号线，依次安装好压力变送器后盖、防爆软管接头。

（五）通电

（1）用万用表在压力变送器的接线端子处测量信号正常（信号：模拟量输出的，用电流挡；485 输出的，用电压挡）。

（2）接通 PLC 上的 24V 直流电，恢复正常工作。

（六）填写工作记录

填写仪器仪表更换台账，收拾工具、用具，清理现场。

更换压力变送器操作

三、风险与防控措施

风险 1：接触配电柜前未验电、未戴绝缘手套，易导致人员触电。

控制措施：接触配电柜前先用验电笔验电，再戴绝缘手套断电。

风险2：拆卸压力变送器前未放空，带压操作，易导致高压刺漏伤人。

控制措施：拆卸压力变送器前必须先放空，严禁带压操作。

风险3：拆卸仪表时活动扳手开口调节过大、反打、用力过猛，扳手发生打滑，易导致物体打击（紧固仪表时存在相同的风险）。

控制措施：使用活动扳手时应根据仪表接头规格调节开口，使固定端受力，平稳用力。

风险4：防爆管接头处密封不严，易导致火灾爆炸。

控制措施：检查确认防爆管接头处密封良好。

第十一节 真空加热炉启、停操作

一、概述

真空加热炉是采油集输中原油加温的重要设备，其作用一是油气集输过程中，使原油升高温度、降低黏度便于输送；二是冬季将水加热，通过循环泵取暖。该项操作在采油生产作业中的频次较高，在操作过程存在较大风险，主要风险有：人员中毒、高处坠落、物体打击、油气中毒、火灾爆炸、设备损坏、人员触电、人员烫伤。

二、操作步骤

（一）准备

（1）500mmF形扳手1把、250mm活动扳手1把、磁铁1块、停运警示牌1块、运行警示牌1块、擦布1块、记录笔1支、记录本1本。

（2）穿戴好劳保用品。

（二）检查倒通流程

（1）摘“停运”牌，打开真空压力表取压阀检查真空压力表是否正常，是否在有效使用期内。

（2）打开加热炉排气阀门，检查爆破片、真空安全阀是否合格。

（3）检查确认加热炉各连接部位无渗漏，检查防爆门是否合格。

（4）用磁铁检查磁浮子液位计翻板是否灵活。

（5）检查确认加热炉各盘管出口阀门处于打开状态。

（6）检查燃料气供气压力表是否合格，开燃气过滤器下部阀门放空，放空后关闭阀门，检查燃烧器各压力保护开关设置正确。

（7）控制柜验电，打开控制柜，送电，将电源旋钮旋至“open”挡，指示灯亮，在触屏面板上点击运行→设置参数→保存运行参数。

（8）打开供气阀门，用泡沫水检查确认燃气管线各部连接无渗漏，供气压力在0.1~0.4MPa。

（三）加水

打开补水阀门，启动补水泵给炉筒加水，观察液位计补水至合格水位，关补水阀门，停止补水泵，关闭加热炉排气阀门。

（四）点炉

（1）检查燃烧器供气正常。

（2）在触屏面板上点击“启动”，若出现点不着火报警，按压“复位”，重新巡检点火。

（3）在燃烧器观察窗查看火焰燃烧情况，观察炉膛火焰燃烧情况，确认正常（火焰为淡蓝色）。

（4）初次投运或炉筒压力超过0.01MPa时，将炉筒温度下限设定为95℃，上限温度设为110℃，使锅筒内的水迅速升温至沸腾，此时真空阀会被推开，排放气体，连续排5~8min，以排净炉筒内的气体。

（5）打开加热炉盘管各进口阀门，关闭旁通阀门，使被加热介质流入盘管换热器，吸收大量汽化热，真空阀会迅速关闭，此时排空即完毕。

（6）观察出口温度满足要求，根据生产需要重新设定运行参数，录取运行数据挂“运行”牌。

（五）运行检查

（1）检查水位、炉体温度在要求范围内。

（2）检查控制柜的各项报警装置完好、可靠。

（3）检查防爆门完好。

（六）停炉

（1）在控制面板上按停止按钮。

（2）先关闭电源，慢慢冷却加热炉燃烧道，关闭供气阀门。

（3）打开加热炉盘管旁通阀门，待炉体冷却后关闭加热炉各盘管进、出口阀门。

（4）摘“运行”牌，挂“停运”牌。

（5）收拾工具、用具，清理现场。

（七）填写工作记录

填写加热炉运转记录。

真空加热炉启、停操作

三、风险与防控措施

风险1：未开操作间门窗通风，未开启或无通风设备，易导致人员中毒。

控制措施：应打开操作间门窗通风，检查确认通风设备开启。

风险2：上、下炉体操作平台时，未手扶扶梯，易导致人员高处坠落。

控制措施：上、下炉体操作平台时，必须手扶扶梯。

风险3：在炉体操作平台上操作未系安全带，易导致人员高处坠落。

控制措施：在炉体操作平台上操作必须系好安全带。

风险4：绷绳断、腐蚀严重、外力撞击或地基下陷等因素导致烟囱倒塌，易发生物体打击。

控制措施：定期检查绷绳、安全附件、基础是否完好并设立明显标志。

风险5：未用试漏液对供气管线、阀门连接处进行检测，易导致油气中毒、火灾爆炸。

控制措施：定期用试漏液对供气管线、阀门连接处进行检测。

风险6：加热炉进气管线未安装阻火器，回火，易导致火灾爆炸及设备损坏。

控制措施：加热炉进气管线必须安装阻火器、调压阀。

风险7：使用F形扳手开关阀门，开口向内扳动手轮时，F形扳手弹出，易导致物体打击。

控制措施：使用F形扳手开关阀门，扳动手轮开口应向外，拉动时缓慢平稳。

风险 8：点炉时未做真空，易导致设备损坏。

控制措施：点炉时必须做真空。

风险 9：加热炉缺水，干烧，易导致设备损坏。

控制措施：定期检查加热炉水位，确保运行正常。

第十二节　缓冲罐运行操作

一、概述

缓冲罐是一种密闭式的液体压力容器，对站内来油起缓冲作用，避免来油压力不稳定而影响外输泵正常工作，并对油气进行分离。该项操作在采油生产作业中的频次较高，在操作过程存在较大风险，主要风险有：设备损坏、高处坠落、物体打击、油气泄漏、环境污染。

二、操作步骤

（一）准备

（1）500mmF 形扳手 1 把、250mm 活动扳手 1 把、安全带 1 副、安全帽 1 顶、棉纱少许、放空桶 1 只、记录本 1 本、记录笔 1 支。

（2）穿戴好劳保用品。

（二）检查

（1）检查浮球液位计、压力表、安全阀、高低液位报警装置。

（2）检查输油泵、流量计正常。

（3）检查热水循环系统正常。

（三）运行

（1）开缓冲罐进液阀门，关缓冲罐旁通阀门。

（2）密切注意压力变化，当缓冲罐压力达到 0.2MPa 时，缓慢开缓冲罐气连通阀门，开天然气分离器进气阀门。

（3）待缓冲罐、天然气分离器压力达到 0.25MPa 时，控制天然气分离器供气阀门，确保天然气分离器压力保持在0.1~0.3MPa。

（四）输油

（1）当缓冲罐液位达到上液位时，开缓冲罐出口阀门。

（2）联系下游站，启泵输油。

（3）当缓冲罐内液位降至下液位时，与下游站联系，停止输油。

（4）检查缓冲罐液位计、压力，通过天然气分离器控制缓冲罐压力不超过0.3MPa。

（五）停用

（1）开事故罐进口阀门。

（2）开缓冲罐旁通阀门，关缓冲罐进、出口阀门，关气出口阀门。

（3）挂“停运”牌，对故障停运的缓冲罐及时查明原因，进行处理。

（六）填写工作记录

填写生产运行记录。

三、风险与防控措施

缓冲罐运行操作

风险1：未检查安全附件是否齐全且在有效期内，易导致油气泄漏。

控制措施：检查确认安全附件齐全且在有效期内。

风险2：上、下操作平台时，易导致人员高处坠落。

控制措施：上、下操作平台时，必须手扶扶梯。

风险3：在操作平台上操作未系安全带，易导致人员高处坠落。

控制措施：在操作平台上操作必须系好安全带。

风险4：使用F形扳手开关阀门，开口向内扳动手轮时，F形扳手弹出，易导致物体打击。

控制措施：使用F形扳手开关阀门，扳动手轮开口应向外，拉动时缓慢平稳。

风险5：缓冲罐运行中液位过高，超压溢罐，易导致油气泄漏，环境污染。

控制措施：做好巡回检查，监控好缓冲罐液位、压力。

风险6：缓冲罐输油过程中液位过低，泵长时间空转，易导致设备损坏。

控制措施：做好巡回检查，监控好缓冲罐液位。

第十三节　大罐单量操作

一、概述

大罐量油是采油工作中最基本的操作，根据量油尺寸计算大罐库存油量，掌握本站的产油、输油与输出液量的变化情况，清楚了解本站所管油井生产动态。该项操作在采油生产作业中的频次较高，大罐单量操作过程中，存在以下主要风险：火灾爆炸、高处坠落、雷击、物体打击、油气中毒。

二、操作步骤

（一）准备

（1）15~25m 量油尺 1 把、安全带 2 副、不沾油工具箱 1 个、防爆手电 1 个、棉纱若干、记录笔 1 支、记录本 1 本、计算器 1 个。

（2）穿戴好劳保用品。

（二）检查

检查量油尺合格证，用钢板尺校正量油尺，确认量油尺刻度清晰，尺锤连接完好。

（三）上罐

（1）上罐前清楚罐高和罐内大致液位。

（2）上罐前手摸静电导出装置，释放静电，手扶罐梯护栏平稳上罐。

（3）上到罐顶后判断风向，站在罐顶上风口，在防护栏牢固处锁好安全带。

（四）量油

（1）拧开量油孔盖固定螺栓，手扶大罐护栏，侧身用脚缓慢打开量油孔盖，释放完油气后，头偏向一侧避开量油孔，将量油尺沿量油孔悬空、缓慢、平稳地垂直下放。

（2）待尺锤进入液面，方可停止下尺，静止3s以上，确保量油尺上油痕清晰，不得将尺锤下到罐底。

（3）从量油口水平方向准确记录下尺深度（读数应精确到毫米）。

（4）悬空、缓慢、垂直上提量油尺，使尺面显示油痕露出量油孔时，准确记录沾油尺寸。

（5）继续上提量油尺，同时用棉纱擦净尺面所沾油痕，直到完全将量油尺提出为止。

（6）重复检尺，准确记录下尺尺寸和沾油尺寸。

（7）关闭量油孔盖，拧紧量油孔盖固定螺栓，回收器具，清理现场。

（8）解开安全带，携带工具，手扶罐梯护栏下罐。

（9）根据所记录的两次数据计算罐内液位高度，计算方法如下：

液位高度=量油口高度-下尺深度+沾油尺寸

（五）填写工作记录

填写单量记录。

大罐单量操作

三、风险与防控措施

风险1：夜间上罐量油在罐顶开关手电，易导致火灾爆炸。

控制措施：夜间上罐量油必须使用防爆手电，严禁在罐顶开关手电。

风险2：特殊天气（雷电、雨雪、沙尘、五级以上大风等）上罐，易导致高处坠落或雷击。

控制措施：特殊天气严禁上罐。

风险3：上罐前未释放静电，易导致火灾爆炸。

控制措施：上罐前手握人体静电释放器释放静电。

风险4：上、下扶梯时，易导致人员高处坠落。

控制措施：上、下扶梯必须手扶扶梯。

风险5：上罐后未系安全带，易导致人员高处坠落。

控制措施：上罐后必须系好安全带。

风险6：量油时人员站在量油孔下风处，易导致油气中毒。

控制措施：量油时人员必须站在量油孔上风处。

第十四节 更换法兰垫片操作

一、概述

阀门与管线的连接多是通过法兰连接，需要加入垫片才能保证不会渗漏，但垫片使用时间过长会导致老化、刺漏。所以为了保证正常的生产，必须要学会正确进行法兰垫片的制作及更换操作，能识别操作中存在的风险并正确有效规避。更换阀门法兰垫片操作过程中，存在以下主要风险：物体打击、油气泄漏、油气中毒、环境污染、人员伤害。

二、操作步骤

（一）准备

（1）500mmF 形扳手 1 把、500mm 撬杠 1 根、150mm 螺丝刀 1 把、250mm 和 300mm 活动扳手各 1 把、法兰垫片 2 片、黄油少许、棉纱若干、记录纸 1 张、记录笔 1 支等。

（2）穿戴好劳保用品。

（二）切换流程

（1）倒改流程，开放空阀门泄压，放空至压力落零。

（2）卸松阀门法兰的四条螺栓，撬开上、下法兰，放净管线内余压。

（三）更换法兰垫片

（1）卸掉一条便于操作的法兰螺栓。

（2）取出旧垫片，清理干净上、下法兰端面。

（3）将新垫片两面均匀涂抹黄油，放入法兰盘内，垫片与上、下法兰同心。

（4）穿上螺栓，对角紧固螺栓使上、下法兰平行。保养固定螺栓。

（四）试压

关放空阀门，稍开下游阀门试压无渗漏。

（五）恢复流程

改回原流程。

（六）填写工作记录

填写检修记录。

三、风险与防控措施

风险1：使用F形扳手开关阀门，开口向内扳动手轮时，F形扳手弹出，易导致物体打击。

控制措施：使用F形扳手开关阀门，扳动手轮开口应向外，拉动时缓慢平稳。

风险2：管线未放空，易导致油气泄漏、油气中毒、环境污染。

控制措施：确认管线无余压、余油后再维护操作，严禁带压操作。

风险3：撬开法兰时撬杠打滑，易导致人员伤害、物体打击。

控制措施：撬开法兰时使用撬杠用力要平稳，操作人员身体应避开撬杠端头。

风险4：清理法兰面时三角刮刀刀刃或刀尖易导致手指划伤。

控制措施：清理法兰面时严禁手抓刀刃或刀尖。

风险5：未加装法兰垫片或法兰与垫片不同心，试压时，易导致油气泄漏及环境污染。

控制措施：检查确认法兰与垫片在同心。

风险6：活动扳手开口调节过大、反打、用力过猛，扳手发生打滑，易导致物体打击。

控制措施：活动扳手使用时应根据螺栓大小调节开口，使固定端受力，平稳用力。

第十五节 清洗单流阀标准操作

一、概述

油田上单流阀常安装在泵的出口处，可以防止系统的压力突然升高而损坏油泵，即起止回作用。清洗单流阀操作过程中，存在以下主要风险：人员中毒、人员触电、电弧灼伤、机械伤害、油气泄漏、油气中毒、物体打击。

二、操作步骤

（一）准备

150mm 一字形螺丝刀 1 把、250mm 和 300mm 活动扳手各 1 把、除锈剂 1 瓶、500mmF 形扳手 1 把、砂纸若干、黄油 1 盒、棉纱若干、记录纸 1 张、记录笔 1 支等。

（2）穿戴好劳保用品。

（二）切换流程

（1）停泵，关泵进口阀门。

（2）关闭单流阀下游阀门。

（3）在泵出口的压力表处放空。

（三）清洗

（1）卸开单流阀堵头。

（2）检查内部结垢情况，并对其除垢、除锈。

（3）检查密封面，进行研磨。

（4）冲洗阀体内部。

（四）恢复流程

（1）安装单流阀堵头。

（2）安装、恢复压力表。

（3）打开单流阀下游阀门。

（4）打开泵进口阀门，启泵。

（5）检查泵进口压力。

清洗单流阀标准操作

（五）填写工作记录

填写检修记录。

三、风险与防控措施

风险 1：未开门窗通风，未开启或无通风设备，易导致人员中毒。

控制措施：应打开门窗通风，检查确认轴流风机开启。

风险 2：停泵操作时，接触配电柜前未验电，未戴绝缘手套，易导致人员触电。

控制措施：停泵前，必须使用验电笔对配电柜进行检测，并佩戴绝缘手套进行操作。

风险 3：断电时未侧身，易导致电弧灼伤。

控制措施：断电时，严禁身体的任何部位正对配电柜。

风险 4：停泵后未切断电源，泵意外启动，易导致机械伤害。

控制措施：停泵后必须切断电源。

风险 5：管线未放空，易导致油气泄漏、油气中毒。

控制措施：确认管线无余压、余油后再操作，严禁带压操作。

风险 6：活动扳手开口调节过大、反打、用力过猛，扳手发生打滑，易导致物体打击。

控制措施：活动扳手使用时应根据螺栓大小调节开口，使固定端受力，平稳用力。

风险 7：未清理密封面，或对密封垫未进行检查，密封不严，易导致油气泄漏。

控制措施：清理密封面，进行研磨，检查确认密封垫是否完好，恢复流程，确认不渗不漏。

第十六节　更换截止阀操作

一、概述

截止阀是向下闭合式阀门，启闭件（阀瓣）由阀杆带动，沿阀座轴线做升降运动来启闭阀门。截止阀的阀瓣为盘形，通过改变通道的截面积，用以调节介质的流量与压力。更换截止阀操作过程中，存在以下主要风险：物体打击、油气泄漏、油气中毒、环境污染、人员伤害、手指划伤。

二、操作步骤

（一）准备

（1）同型号截止阀1个、150mm一字螺丝刀1把、300mm和375mm活动扳手各1把、法兰垫片若干、F形扳手1把、500mm撬杠1根、砂纸若干、黄油1盒、棉纱若干、记录纸1张、记录笔1支。

（2）穿戴好劳保用品。

（二）切换流程

（1）先打开旁通阀门，再先后关闭上游阀门和下游阀门。

（2）打开放空阀和排污阀，放掉管线内的压力和残余流体。

（三）更换阀门

（1）拆卸阀门两侧法兰紧固螺栓，先拆法兰下螺栓，再拆上螺栓。

（2）用撬杠对称撬动阀门两侧法兰间隙，使阀体与两侧法兰活动，移开旧阀门。

（3）用三角刮刀刀面清理管线上的两个法兰端面，用刀尖清理法兰水线。

（4）把新阀门与管线法兰对正，穿上螺栓，带上螺母，法兰侧下部留部分螺栓，以备加法兰垫片。

（5）法兰垫片两侧均匀涂上黄油。

（6）用撬杠对称撬开法兰间隙，手持法兰片放入法兰正中央。

（7）将留出的法兰连接螺栓穿入法兰螺孔，用手依次带紧螺母，阀门两侧法兰与管线法兰对正后，用扳手对称均匀紧固法兰螺栓。

（四）试压、恢复流程

（1）关闭放空阀门，打开新安装阀门。

（2）缓慢打开上游阀门试压，确认不渗不漏，全开上游阀门。

（3）打开下游阀门，关闭旁通阀门。

（五）填写工作记录

填写检修记录。

三、风险与防控措施

更换截止阀操作

风险 1：使用 F 形扳手开关阀门，开口向内扳动手轮时，F 形扳手弹出，易导致物体打击。

控制措施：使用 F 形扳手开关阀门，扳动手轮开口应向外，拉动时缓慢平稳。

风险 2：管线未放空，易导致泄漏。

控制措施：确认管线无余压、余油后再维护操作，严禁带压操作。

风险 3：活动扳手开口调节过大、反打、用力过猛，扳手发生打滑，易导致物体打击。

控制措施：活动扳手使用时应根据螺栓大小调节开口，使固定端受力，平稳用力。

风险 4：撬开法兰时撬杠打滑，易导致人员伤害、物体打击。

控制措施：撬开法兰时使用撬杠用力要平稳，操作人员身体应避开撬杠端头。

风险 5：清理法兰面时，手抓三角刮刀刀刃或刀尖，易导致手指划伤。

控制措施：使用三角刮刀严禁手抓刀刃或刀尖。

风险 6：法兰与垫片不同心或螺栓未上紧，试压时，易导致泄漏。

控制措施：检查确认法兰与垫片在同心，且对角紧固法兰螺栓。

第五章 联合站风险辨识与防控措施

第一节 罐车卸油操作

一、概述

油罐车的装卸是一个火灾危险性很大的过程。装卸油的方法，大多数是利用罐车与地下油罐的高位差，采用泵装油和敞开自流卸油，也有少数用罐车的油泵卸油。不论采取何种方式装卸，都会有大量的油蒸气从油罐的进油口、量油口和放散管等处逸出。这些油蒸气很容易与空气形成爆炸混合物，遇到火源就会起火或爆炸，同时在装卸油过程中还容易产生静电。该项操作在作业中存在较大风险，主要风险有：火灾爆炸、车辆伤害、设备损坏、高处坠落、油气中毒、环境污染。

二、操作步骤

（一）准备

（1）300mm、375mm 活动扳手各 1 把，取样器 1 个，钢丝钳 1 把，安全带1副，正压式空气呼吸器1套，棉纱若干，记录笔1支，记录本1本。

（2）罐车过磅。

（3）检查卸油箱静电接地装置连接可靠。

（4）检查卸油漏斗滤网完好无杂物、确定转油泵完好。

（5）穿戴好劳保用品。

（二）罐车进入卸油台

（1）检查出入证、行驶证、从业资格证。

（2）检查防火罩安装合格、消防器材配备齐全。

（3）车辆安全驶至卸油斗后停车熄火，垫好�木，接好接地线，释放静电，连接好卸油接头。

（三）卸油

（1）佩戴好安全带，检查油罐车的上、下铅封锁编号与油票铅封锁编号相符、完好，并剪断铅封锁钢丝，检查拉油罐内油位与油票油位相符。

（2）开油罐装油盖、罐车放油阀门，平稳卸油，卸油过程中取三级混合样，化验含水。

（3）当卸油箱液位升至1/2时，切换卸油流程，启动转油泵。

（4）调整卸油与转油量的平衡，确保卸油不溢，转油正常。

（5）卸油完毕，关罐车放油阀门，卸去接地线，罐车驶离卸油区。

（四）停止转油

（1）切换卸油流程。

（2）空车过磅，转油罐量油，核实转油量。

（3）清理现场，收拾工具、用具。

（五）填写工作记录

填写卸油记录。

罐车卸油操作

三、风险与防控措施

（一）检查准备

风险：卸油箱无静电接地或接地不良，易导致火灾爆炸。

控制措施：卸油前，检查卸油箱静电接地装置连接可靠。

（二）罐车进入卸油台

风险1：罐车排气管未安装防火罩，易导致火灾爆炸。

控制措施：进入卸油台前，检查确认防火罩安装合格、消防器材配备齐全。

风险2：罐车驶入卸油台，停车后未熄火，易导致火灾爆炸。

控制措施：卸油前检查确认罐车停车熄火。

风险3：罐车驶入卸油台，停车后未垫好榎木，溜车，易导致车辆伤害及设备损坏。

控制措施：罐车驶入卸油台，停车后检查确认垫好榎木。

风险4：卸油前罐车未静电接地或接地不良，易导致火灾爆炸。

控制措施：卸油前检查确认罐车罐体与车身接地良好。

（三）卸油

风险1：上罐前未释放静电，易导致火灾爆炸。

控制措施：上罐前手握人体静电释放器释放静电。

风险2：下罐时未扶扶梯，易导致人员高处坠落。

控制措施：下罐必须手扶扶梯。

风险3：上罐后未系安全带，易导致人员高处坠落。

控制措施：上罐后必须系好安全带。

风险4：卸油前打开罐车罐口时，未站在上风处，易导致人员油气中毒。

控制措施：卸油前确认风向，打开罐车罐口时，必须站在上风处。

风险5：卸油过程中，未及时监控卸油箱液位变化，原油外溢，易导致油气中毒及环境污染。

控制措施：卸油过程中，及时监控卸油箱液位变化。

第二节 离心泵启、停操作

一、概述

离心泵是一种叶片泵，依靠叶轮在旋转过程中叶片和液体的相互作用，使叶片将机械能传给液体，液体的压力能增加，同时叶轮离心力形成真空吸力，达到输送液体的目的。所以，离心泵启动时，必须先把出口阀关闭，灌水。水位超过叶轮部位以上，排出离心泵中的空气，才可启动。启动后，叶轮周围形成真空，把水向上吸，出口阀可自动打开，把水提起。该项操作在作业中存在较大风险，主要风险有：人员中毒、物体打击、人员触电、机械伤害、设备损坏、电弧灼伤。

二、操作步骤

（一）准备

（1）F 形扳手 1 把、300mm 和 375mm 活动扳手各 1 把、150mm 一字螺丝刀 1 把、试电笔 1 支、绝缘手套 1 副、棉纱若干。

（二）检查

（1）检查清水罐液位 $H \geqslant 2$m，确认清水罐至供水泵流程畅通。

（2）检查轴流风机运转良好，电压正常，机泵各部位连接可靠。

（3）联系调控中心，通知下游站点关出口阀门。

（三）盘泵、放空

（1）卸掉防护罩，盘泵 3～5 圈，无卡阻，检查联轴器间隙并调整轴窜量，安装防护罩。

（2）开泵进口阀门。

（3）开放空阀门，见水后关闭。

（四）启泵

（1）按泵启动按钮。

（2）压力上升至额定压力后，缓慢开出口阀门。

（3）根据生产实际，调节输水量。

（五）运行检查

（1）观察泵排量、压力达到要求，检查无刺漏。

（2）检查泵体、电动机温度（65℃），运转声音正常，防止泵空转及反转。

（六）停泵

(1) 联系调控中心，通知下游站。

(2) 关小泵出口阀门，按停止按钮，关进、出口阀门（冬季停泵后，及时放空泵内液体）。

(3) 清理现场，收拾工具、用具。

（七）填写工作记录

填写设备运转记录生产运行日报。

离心泵启、停操作

三、风险与防控措施

（一）检查准备

风险1：未开门窗通风，未开启或无通风设备，易导致人员中毒。

控制措施：应打开门窗通风，检查确认轴流风机开启。

风险2：使用F形扳手开关阀门，开口向内扳动手轮时，F形扳手弹出，易导致物体打击。

控制措施：使用F形扳手开关阀门，扳动手轮开口应向外，拉动时缓慢平稳。

风险3：检查螺栓时活动扳手开口调节过大、反打、用力过猛，扳手发生打滑，易导致物体打击。

控制措施：活动扳手使用时应根据螺栓大小调节开口，使固定端受力，平稳用力。

（二）盘泵、放空

风险1：联轴器护罩缺失，设备运转时头发或衣物卷入联轴器，易导致机械伤害。

控制措施：检查确认联轴器护罩无缺失且连接牢靠。

风险2：启泵前未放空，泵长时间空转，易导致设备损坏。

控制措施：启泵前必须放空，确保泵充满液体。

（三）启泵

风险1：启泵操作时，接触配电柜前未验电，未戴绝缘手套，易导致人员触电。

控制措施：启泵前，必须使用验电笔对配电柜进行检测，并佩戴绝缘手套进行操作。

风险2：送电时未侧身，易导致电弧灼伤。

控制措施：送电时，严禁身体的任何部位正对配电柜。

风险3：机泵接地线连接不牢固，接地不良漏电，易导致人员触电。

控制措施：启泵前检查确认接地线安装牢固。

（四）停泵

风险1：停泵操作时，接触配电柜前未验电，未戴绝缘手套，易导致人员触电。

控制措施：停泵前，必须使用验电笔对配电柜进行检测，并佩戴绝缘手套进行操作。

风险2：断电时未侧身，易导致电弧灼伤。

控制措施：断电时，严禁身体的任何部位正对配电柜。

风险3：停泵后未切断电源，泵意外启动，易导致机械伤害。

控制措施：停泵后必须切断电源。

第三节　离心泵一级保养操作

一、概述

离心泵是利用叶轮旋转而使水发生离心运动来工作的。为使离心泵正常工作和延长其寿命，必须经常注意保养及定期检查，一般运转时间达1000h左右进行一级保养，定期维护保养调期与工作条件有关，实际维护保养时间可按实际情况酌情延长或缩短。该项操作在作业中存在较大风险，主要风险有：人员中毒、物体打击、人员触电、机械伤害、设备损坏、电弧灼伤。

二、操作步骤

（一）准备

F形扳手1把、200mm和300mm活动扳手各1把、500mm撬杠1根、

250mm 一字螺丝刀 1 把、塞尺 1 套、300mm 钢板尺 1 把、梅花扳手 1 套、500V 验电笔 1 支、绝缘手套 1 副、放空桶 1 个、擦布若干、润滑脂 1 桶、清洗油若干。

（二）检查

（1）进入泵房前打开门窗通风 5～15min 以上。

（2）确认流程正确、压力正常，检查各连接部位及流程，无刺漏现象。

（3）用验电器检测电气设备是否漏电，检查电源线有无破损，接地是否良好。

（三）保养

（1）清洗泵前后轴承及轴套，检查轴承有无破损。

（2）检查联轴器的安装校正情况，检查联轴器的同轴度、间歇符合标准，检查减振胶圈是否完好。

（3）检查、清洗电动机轴承，加注清洁合格的润滑脂，油量应为其空间容积的 2/3。

（4）检查各部位紧固螺栓有无松动，减振胶皮是否完整、受力均匀。

（5）检查滤网是否完好，清洗过滤器。

（6）检查密封是否完好，压盖是否完好。

（7）检查各仪表是否完好，是否在有效期内。

（8）检查电动机接线头及接地线有无松动、烧损和漏电。

（四）清理场地

（1）收拾工具。

（2）清理现场。

（五）填写记录

填写设备保养记录。

离心泵一级保养操作

三、风险与防控措施

风险 1：未开门窗通风，未开启或无通风设备，易导致人员中毒。

控制措施：应打开门窗通风，检查确认轴流风机开启。

风险 2：停泵操作时，接触配电柜前未验电，未戴绝缘手套，易导致人员触电。

控制措施：停泵前，必须使用验电笔对配电柜进行检测，并佩戴绝缘手套进行操作。

风险 3：断电时未侧身，易导致电弧灼伤。

控制措施：断电时，严禁身体的任何部位正对配电柜。

风险 4：停泵后未切断电源，泵意外启动，易导致机械伤害。

控制措施：停泵后必须切断电源。

风险 5：活动扳手开口调节过大，反打，用力过猛，扳手发生打滑，易导致物体打击。

控制措施：活动扳手使用时应根据螺栓大小调节开口，使固定端受力，平稳用力。

风险 6：保养过程中戴手套使用铜棒，铜棒滑脱，易导致物体打击。

控制措施：禁止戴手套使用铜棒，平稳操作。

风险 7：启泵前未检查周围有无障碍物，易导致机械伤害。

控制措施：启泵前先检查确认周围无障碍物后，方可启泵。

第四节　更换单级离心泵机械密封操作

一、概述

离心泵的机械密封，有一个动环，又称为补偿环，可以及时补偿密封面处的磨损（轴向密封，也称为端面密封）。而填料密封（径向密封）不能对径向磨损进行补偿，动环、静环密封面接触面不好，有间隙或者发生形变；密封端面的比压过大，或者输送介质的压力过大；密封圈材质不良、制造有误差、安装时精度低等，会造成机械密封漏失。泄漏严重里需要进行更换处理。该项操作在作业中存在较大风险，主要风险有：人员触电、电弧灼伤、机械伤害、物体打击、油气泄漏、油气中毒、人身伤害。

二、操作步骤

（一）准备

（1）F 形扳手 1 把、300mm 和 375mm 活动扳手各 1 把、150mm 一字螺丝刀 1 把、600mm 管钳 1 把、套筒 1 套、黄油 1 盒、棉纱若干。

（2）准备同型号的机械密封。

（3）穿戴好劳保用品。

（二）停泵

（1）按停止按钮停泵。

（2）关泵进、出口阀门。

（3）开放空阀门、排尽泵内液体。

（三）更换新机封

（1）拆下泵头与电动机连接螺栓，取下泵头外壳。

（2）拆下叶轮，取下机封卡簧，慢慢取出旧机封。

（3）用干净的棉纱擦净泵轴及机封槽内的油污与水锈。

（4）给新机封涂抹黄油，按顺序装好新机封，并装好卡簧。

（四）安装

（1）装好叶轮。

（2）装好泵头外壳，对角匀称紧固泵头与电动机的连接螺栓。

（3）校正对中。

（4）连接好进出口法兰，接好电源。

（五）启泵试运行

（1）开泵进口阀门，见液后关放空阀门，启泵，压力达到额定压力后开泵出口阀门。

（2）检查各部位螺栓紧固，检查新机封无泄漏。

（3）观察泵的压力、流量运行正常。

（4）清理现场，收拾工具、用具。

（六）填写工作记录

填写设备运转记录。

三、风险与防控措施

更换单级离心泵机械密封操作

（一）检查准备

风险1：停泵操作时，接触配电柜前未验电，未戴绝缘手套，易导致人员触电。

控制措施：停泵前，必须使用验电笔对配电柜进行检测，并佩戴绝缘手套进行操作。

风险2：断电时未侧身，易导致电弧灼伤。

控制措施：断电时，严禁身体的任何部位正对配电柜。

风险3：停泵后未切断电源，泵意外启动，易导致机械伤害。

控制措施：停泵后必须切断电源。

风险4：使用F形扳手开关阀门，开口向内扳动手轮时，F形扳手弹出，易导致物体打击。

控制措施：使用F形扳手开关阀门，扳动手轮开口应向外，拉动时缓慢平稳。

风险5：停泵后未放空，带压操作，易导致油气泄漏及油气中毒。

控制措施：确认无余压、余油后再操作，严禁带压操作。

（二）更换密封件

风险1：未开门窗通风，未开启或无通风设备，易导致油气中毒。

控制措施：应打开门窗通风，检查确认轴流风机开启。

风险2：活动扳手开口调节过大、反打、用力过猛，扳手发生打滑，易导致物体打击。

控制措施：活动扳手使用时应根据螺栓大小调节开口，使固定端受力，平稳用力。

风险3：压盖松紧度不均，漏失量超标，易导致油气泄漏。

控制措施：压盖松紧度合适，漏失量适当（<30滴/min），泵转动灵活。

（三）试泵

风险1：启泵前，未对泵周围进行检查，如果有障碍物或人员，易导致机械伤害。

控制措施：启泵前，检查确认泵周围无障碍物和人员，然后启泵。

风险 2：启泵操作时，接触配电柜前未验电，未戴绝缘手套，易导致人员触电。

控制措施：启泵前，必须使用验电笔对配电柜进行检测，并佩戴绝缘手套进行操作。

风险 3：送电时未侧身，易导致电弧灼伤。

控制措施：送电时，严禁身体的任何部位正对配电柜。

风险 4：检查电气设备运行情况时，人体直接接触电气设备，易导致人员触电。

控制措施：检查电气设备运行情况时，严禁人体直接接触电气设备。

第五节 柱塞泵启、停操作

一、概述

对高压系统注水时，一般采用柱塞泵进行启停。柱塞泵的容积效率高、流量均匀性好、工作压力高、运转平稳、低噪声。该泵采用变频电动机及变频器控制装置，可实现压力、流量无级调速，密封件更换方便快捷。该项操作在作业中存在较大风险，主要风险有：高压刺漏伤人、物体打击、人员触电、电弧灼伤、机械伤害、设备损坏。

二、操作步骤

（一）启泵前准备

（1）F 形扳手 1 把、300mm 和 375mm 活动扳手各 1 把、150mm 一字螺丝刀 1 把、600mm 管钳 1 把、试电笔 1 支、绝缘手套 1 副、棉纱若干。

（2）通知下游各配水间。

（3）检查电动机、泵各部位连接及固定螺栓无松动现象。

（4）检查电动机接地及柱塞泵安全附件。

（5）检查各部位润滑状况（动力箱润滑油在视孔的 1/2~2/3 处）。

（6）核实水罐液位，开出口阀门。

（7）依次开柱塞泵进、出口阀门、回流控制阀门。

（8）用管钳盘泵使柱塞往返两次以上。

（9）开柱塞泵放空阀门放空，空气放尽后，关放空阀门。

（10）按照喂水泵操作程序启动喂水泵。

（11）穿戴好劳保用品。

（二）启泵

（1）确定泵周围无障碍物。

（2）摘停运牌，送电，启泵，使泵空载运转 5～10min。

（3）缓慢关小高压回流阀门，分水器压力 4～5MPa 时，开配水间干线出口阀门。

（4）根据生产需要调整注水压力。

（三）运行检查

检查运行情况。

（四）停泵

（1）通知相关岗位。

（2）缓慢开高压回流阀门，关干线注水阀门。

（3）按停止按钮，停泵。

（4）按照喂水泵操作程序停喂水泵。

（5）关柱塞泵进、出口阀门，关水罐出口阀门，关高压回流阀门。

（6）放空，断电，挂停运牌。

（7）清理现场，收拾工具、用具。

（五）填写工作记录

填写设备运转记录。

柱塞泵启、停操作

三、风险与防控措施

（一）启泵前准备

风险 1：未检查柱塞泵各连接部位是否渗漏或刺漏，设施及附件是否齐全，操作时，易导致高压刺漏。

控制措施：操作前，检查确认柱塞泵各连接部位无渗漏或刺漏，设施及附件齐全。

风险 2：检查螺栓紧固情况时，套筒扳手使用方法错误或用力过猛，扳手发生打滑，易导致物体打击。

控制措施：套筒扳手使用时应根据螺栓大小选择合适规格，正确使用，平稳用力。

风险 3：使用 F 形扳手开关阀门，开口向内扳动手轮时，F 形扳手弹出，易导致物体打击。

控制措施：使用 F 形扳手开关阀门，扳动手轮开口应向外，拉动时缓慢平稳。

风险 4：开关阀门时正对阀门，丝杠飞出，易导致物体打击。

控制措施：开关阀门时要站在阀门手轮侧面进行操作。

风险 5：启泵操作时，接触配电柜前未验电，未戴绝缘手套，易导致人员触电。

控制措施：启泵前，必须使用验电笔对配电柜进行检测，并佩戴绝缘手套进行操作。

风险 6：送电时未侧身，易导致电弧灼伤。

控制措施：送电时，严禁身体的任何部位正对配电柜。

（二）启泵

风险 1：启动柱塞泵前，未对泵周围进行检查，如果有障碍物或人员，易导致机械伤害。

控制措施：启泵前，检查确认泵周围无障碍物和人员，然后启泵。

风险 2：启泵操作时，接触配电柜前未验电，未戴绝缘手套，易导致人员触电。

控制措施：启泵前，必须使用验电笔对配电柜进行检测，并佩戴绝缘手套进行操作。

风险 3：送电时未侧身，易导致电弧灼伤。

控制措施：送电时，严禁身体的任何部位正对配电柜。

（三）运行检查

风险 1：检查泵运行情况时，接触旋转部位，易导致机械伤害。

控制措施：检查泵运行情况时，严禁接触旋转部位。

风险 2：检查电气设备运行情况时，人体直接接触电气设备，易导致人员触电。

控制措施：检查电气设备运行情况时，严禁人体直接接触电气设备。

（四）停泵

风险 1：使用 F 形扳手开关阀门，开口向内扳动手轮时，F 形扳手弹出，易导致物体打击。

控制措施：使用 F 形扳手开关阀门，扳动手轮开口应向外，拉动时缓慢平稳。

风险 2：开关阀门时正对阀门，丝杠飞出，易导致物体打击。

控制措施：开关阀门时要站在阀门手轮侧面进行操作。

风险 3：停泵操作时，接触配电柜前未验电，未戴绝缘手套，易导致人员触电。

控制措施：停泵前，必须使用验电笔对配电柜进行检测，并佩戴绝缘手套进行操作。

风险 4：断电时未侧身，易导致电弧灼伤。

控制措施：断电时，严禁身体的任何部位正对配电柜。

风险 5：停泵后未切断电源，泵意外启动，易导致机械伤害。

控制措施：停泵后必须切断电源。

第六节　纤维球过滤器反冲洗操作

一、概述

纤维球过滤器是一种利用纤维球作为过滤介质的新型清水过滤装置，具有截污容量大、过滤速度快、过滤精度高、滤料易再生、冲洗水损失水、功耗低等特点，广泛应用于油田注水过滤。纤维球过滤器操作简单，维护方便，设备运行稳定、可靠。纤维球过滤器运行一段时间后要进行反冲洗，来确保过滤出水水质。该项操作在作业中存在较大风险，主要风险有：环境污染、人员触电、电弧灼伤。

二、操作步骤

（一）准备

（1）F形扳手1把、300mm和375mm活动扳手各1把、600mm管钳1把、棉纱若干。

（2）确认清水罐液位满足反冲洗水量。

（3）确认污油池液位能满足反冲洗后排放水量。

（4）穿戴好劳保用品。

（二）切换流程

（1）开过滤器旁通阀门。

（2）关过滤器进、出口阀门。

（3）开过滤器反冲洗进、出口阀门。

（三）反冲洗

（1）反冲洗精细过滤器时，启压紧盘电动机，进行松盘操作。

（2）启反冲洗泵、启搅拌机。

（3）反冲洗15min后，取样化验水质。

（4）若水质合格（水质浊度小于5mg/L），停反冲洗泵，停搅拌机。

（5）启压紧盘电动机，紧盘。

（四）恢复过滤流程

（1）关过滤器反冲洗进、出口阀门。

（2）开过滤器进、出口阀门。

（3）关过滤器旁通阀门。

（4）清理现场，收拾工具、用具。

（五）填写工作记录

填写××注水站采出水运行记录。

三、风险与防控措施

（一）检查准备

风险1：未确认污水池液位，冲洗时外溢，易导致环境污染。

控制措施：冲洗前确认污水池液位。

风险 2：检查过滤器顶部搅拌机时，上下操作平台发生滑脱，易导致高空坠落。

控制措施：检查过滤器顶部搅拌机时，应平稳上下操作平台。

纤维球过滤器反冲洗操作

（二）反冲洗

风险 1：启泵操作时，接触配电柜前未验电，未戴绝缘手套，易导致人员触电。

控制措施：启泵前，必须使用验电笔对配电柜进行检测，并佩戴绝缘手套进行操作。

风险 2：送电时未侧身，易导致电弧灼伤。

控制措施：送电时，严禁身体的任何部位正对配电柜。

第七节　核桃壳过滤器启、停操作

一、概述

核桃壳过滤器是利用过滤分离原理研制的分离设备，采用了特殊处理的耐油滤材核桃壳作为过滤介质，由于核桃壳具有表面积大、吸附能力强、截污量大的特性，可有效去除水中的油和悬浮物，过滤时水流自上而下，经布水器、滤料层、集水器等完成过滤。该项操作在作业中存在较大风险，主要风险有：设备损坏、人员触电、电弧灼伤。

二、操作步骤

（一）准备

（1）F 形扳手 1 把、300mm 和 375mm 活动扳手各 1 把、600mm 管钳 1 把、棉纱若干。

（2）检查调节水罐液位正常，过滤器各连接部位无渗漏。

（3）检查加压泵接地线、联轴器、地脚螺栓无松动。

（4）确认过滤器阀门开关状态与控制柜显示一致。

（二）切换流程

开过滤器进出口阀门。

（三）过滤

（1）开加压泵进出口阀门。

（2）卸护罩，盘泵3~5圈，感觉无卡阻，装护罩。

（3）按加压泵启动按钮启泵。

（4）待出口压力上升至额定压力后，开加压泵出口阀门。

（5）开过滤器放空阀，见水后关，开核桃壳至下一级过滤器的阀门。

（四）运行检查

（1）观察过滤器前后压力差不超过0.2MPa。

（2）过滤器运行30min后，对出口水质取样分析（水质浊度小于5mg/L）。

（五）停用

（1）按加压泵停止按钮停泵。

（2）清理现场，收拾工具、用具。

（六）填写工作记录

填写××注水站采出水运行记录。

核桃壳过滤器启、停操作

三、风险与防控措施

（一）检查准备

风险：未检查调节水罐液位，抽空易导致设备损坏。

控制措施：启动过滤器前，检查确认调节水罐液位。

（二）过滤

风险1：启泵操作时，接触配电柜前未验电，未戴绝缘手套，易导致人员触电。

控制措施：启泵前，必须使用验电笔对配电柜进行检测，并佩戴绝缘手套进行操作。

风险 2：送电时未侧身，易导致电弧灼伤。

控制措施：送电时，严禁身体的任何部位正对配电柜。

（三）停用

风险 1：停泵操作时，接触配电柜前未验电，未戴绝缘手套，易导致人员触电。

控制措施：停泵前，必须使用验电笔对配电柜进行检测，并佩戴绝缘手套进行操作。

风险 2：断电时未侧身，易导致电弧灼伤。

控制措施：断电时，严禁身体的任何部位正对配电柜。

第八节　空气压缩机启、停操作

一、概述

空气压缩机简称空压机，用以压缩空气以获得高压气体。通常用的高压气体一般在 0.5MPa 左右。空气压缩机可提供气源动力，是气动系统的核心设备机电引气源装置中的主体，它是将原动（通常是电动机）的机械能转换成气体压力能的装置，是压缩空气的气压发生装置。该项操作在作业中存在较大风险，主要风险有：物体打击、设备损坏、人员触电、电弧灼伤、机械伤害。

二、操作步骤

（一）准备

（1）F 形扳手 1 把、300mm 和 375mm 活动扳手各 1 把、600mm 管钳 1 把、150mm 一字螺丝刀 1 把、棉纱若干。

（2）穿戴好劳保用品。

（二）检查、启动

（1）检查润滑油无变质，渗漏，油位保持在 1/2～2/3 处，仪表齐全，安全阀可靠，接地牢靠，皮带松紧合适。

（2）检查各部件完好情况，管线、风包、过滤罐、干燥罐、储气罐均无渗漏现象，放空过滤缸内残液。

（3）切换所有供气流程。

（4）盘车灵活无阻力，启动。

（三）运行中检查

（1）检查各部件运行正常、转速平稳。

（2）气压达到要求（根据压缩机铭牌确定）。

（3）温度合适（风冷）。

（四）停车

（1）停机、切断电源。

（2）清洁、保养。

（3）清理现场，收拾工具、用具。

（五）填写工作记录

填写设备运转记录。

空气压缩机启、停操作

三、风险与防控措施

（一）检查准备

风险：检查时活动扳手开口调节过大、打、用力过猛，扳手发生打滑，易导致物体打击。

控制措施：活动扳手使用时应根据螺栓大小调节开口，使固定端受力，平稳用力。

（二）检查启动

风险1：未检查机油液位，易导致设备损坏。

控制措施：启动前检查润滑油无变质、渗漏，油位保持在1/2~2/3处。

风险2：启动前未盘车，易导致设备损坏。

控制措施：启泵前进行盘车，确保设备转动灵活无卡阻。

风险3：启泵操作时，接触配电柜前未验电，未戴绝缘手套，易导致人员触电。

控制措施：启泵前，必须使用验电笔对配电柜进行检测，并佩戴绝缘手套进行操作。

风险4：送电时未侧身，易导致电弧灼伤。

控制措施：送电时，严禁身体的任何部位正对配电柜。

（三）运行中检查

风险1：检查泵运行情况时，接触旋转部位，易导致机械伤害。

控制措施：检查泵运行情况时，严禁接触旋转部位。

风险2：检查电气设备运行情况时，人体直接接触电气设备，易导致人员触电。

控制措施：检查电气设备运行情况时，严禁人体直接接触电气设备。

（四）停用

风险1：停泵操作时，接触配电柜前未验电，未戴绝缘手套，易导致人员触电。

控制措施：停泵前对配电柜进行检测，必须使用验电笔，并佩戴绝缘手套。

风险2：断电时未侧身，易导致电弧灼伤。

控制措施：断电时，严禁身体的任何部位正对配电柜。

第九节　三相分离器运行操作

一、概述

三相分离器是油气水三相分离计量系统的基础和核心，对地层流体的分离、计量也大多通过操控分离器来实现。三相分离器分为立式、卧式、球形三种形式。为搬运方便起见，通常求产计量多采用卧式分离器。典型的卧式三相分离器内部结构主要包括入口分流器、消泡器、聚结板、涡流消除器、除雾器等。三相分离器在运行操作作业中存在较大风险，主要风险有：物体打击、设备损坏、高处坠落、油气泄漏、环境污染。

二、操作步骤

（一）准备

（1）F形扳手1把、300mm和375mm活动扳手各1把、600mm管钳1把、150mm十字螺丝刀1把、棉纱若干。

（2）检查压力表、液位计（油、水）、安全阀、法兰连接、接地线。

（3）检查油、气、水及排污管线。

（4）检查热循环系统、电动控制系统。

（5）穿戴好劳保用品。

（二）切换流程

（1）开顶部堵头向三相分离器内进水，形成临界水层。

（2）开压力表控制阀、顶部排气阀、液位计上/下控制阀。

（3）开污水出口电动阀、电动阀前阀门，缓慢开电动阀后阀门。

（4）当油室液位开始变化时，关小污水电动阀后阀门。

（5）油室升至一定液位时，关污水电动阀及后控制阀门。

（6）缓慢开出气口直通阀门，进气，关排气阀。

（三）调节

（1）三相分离器压力稳定后，关直通阀。

（2）开一级分离、二级捕雾器连通阀，油水室浮球阀前后控制阀，气出口自力调节阀前后控制阀。

（3）待油水室液位稳定后，停止进水，开始缓慢开三相分离器进口阀，进液。

（4）进液阀全部开，观察油水室液位变化情况，并及时检查排出的油水情况、取样。

（5）容器压力超过气管线压力，开直通阀排气或用自力调节阀设置为自动调节控制压力（设置压力根据实际情况而定）。

（6）根据油水处理情况，调节水层高度。

（四）停运

（1）开事故罐（沉降罐）进口阀门，三相分离器开旁通阀门。

（2）关三相分离器混进阀门。

（3）关油出口阀门。

（4）关水出口阀门。

（5）清理现场，收拾工具、用具。

（五）填写工作记录

填写设备运转记录。

三相分离器运行操作

三、风险与防控措施

（一）检查准备

风险1：检查时活动扳手开口调节过大、反打、用力过猛，扳手发生打滑，易导致物体打击。

控制措施：活动扳手使用时应根据螺栓大小调节开口，使固定端受力，平稳用力。

风险2：未检查安全附件是否齐全完好，是否在有效期内，易导致设备损坏（例如安全阀失效，缓冲罐超压，导致变形、刺漏、爆炸）。

控制措施：检查确认安全附件齐全且在有效期内。

风险3：上、下操作平台时，易导致人员高处坠落。

控制措施：上、下操作平台时，必须手扶扶梯。

风险4：在操作平台上操作未系安全带，易导致人员高处坠落。

控制措施：在操作平台上操作必须系好安全带。

（二）切换流程

风险：使用F形扳手开关阀门，开口向内扳动手轮时，F形扳手弹出，易导致物体打击。

控制措施：使用F形扳手开关阀门，扳动手轮开口应向外，拉动时缓慢平稳。

（三）调节

风险1：液位控制器失灵，液位过高，易导致油气泄漏及环境污染。

控制措施：检查确认液位控制器完好。

风险2：自力式压力调节阀失灵，超压外溢，易导致油气泄漏及环境污染。

控制措施：检查确认自力式压力调节阀完好。

（四）停运

风险1：使用F形扳手开关阀门，开口向内扳动手轮时，F形扳手弹出，易导致物体打击。

控制措施：使用F形扳手开关阀门，扳动手轮开口应向外，拉动时缓慢平稳。

风险2：停运三相分离器，关天然气阀门压液面时，超压，易导致油气泄漏及环境污染。

控制措施：压液面时用手抬平衡杠。

第十节 外输管线打卡补漏操作

一、概述

油井管线长期埋设在地下，由于受管线中流体和外部土壤、空气、水等因素的影响，在低洼处、焊缝处、弯头处管壁容易产生化学或电化学腐蚀，造成管线穿孔或人为打孔现象，管线一旦穿孔则会造成井液泄漏、污染环境和油井停产，尤其是外线管线打孔后，经济损失极大。外输管线打卡补漏是在最短时间内将穿孔封堵起来，是恢复油井生产最快的方法之一。该项操作在作业中存在较大风险，主要风险有：环境污染、油气中毒、物体打击、油气泄漏。

二、操作步骤

（一）准备

（1）F形扳手1把、250mm和300mm活动扳手各1把、300mm钢板尺1把、300mm平板锉刀（粗）1个、200mm三角刮刀1个、手锤1个、剪刀1把、放空桶1个、安全警示牌2块、石笔若干、肥皂水若干、3in毛刷1把、5mm和3mm胶皮卷适量、卡子1副、硫化氢检测仪1个、铁锹2把、棉纱若干。

（2）通知上、下游站库停输。

（3）外输管线泄压、放空。

（4）站上风口，检测硫化氢含量。

（5）现场有防火措施，禁止烟火。

（6）根据现场情况采取措施防止污染面积扩大。

（7）根据管线穿孔位置挖出操作坑，方便操作。

（8）根据卡子大小制作密封胶皮 2~3 块。

（9）穿戴好劳保用品。

（二）安装卡子

（1）侧身避开漏点，清理管线泄漏部位。

（2）彻底清理穿孔附近管线的防腐和保温层，便于安装卡子。

（3）将已制作好带有密封胶皮的卡子安装在穿孔管线上，使密封胶皮对准穿孔部位中心，适当拧紧。

（4）交替上螺栓使卡子平行。

（三）检查效果

（1）用棉纱布擦净操作部位。

（2）检查无渗漏，做好防腐。

（3）将泄漏原油进行回收，对操作坑进行填埋。

（4）清理现场，收拾工具、用具。

（四）填写工作记录

填写油井分井日报。

外输管线打卡补漏操作

三、风险与防控措施

（一）检查准备

风险 1：发现外输管线泄漏时未汇报，原油泄漏，易导致环境污染。

控制措施：及时通知上下游站库停输，切换流程控制油气泄漏量，按规定回收污油。

风险 2：未对管线进行放空泄压，带压操作，易导致油气泄漏及油气中毒。

控制措施：对管线进行放空，检查确认管线无余压后再操作，严禁带压操作。

（二）安装卡子

风险：安装卡子时，戴手套使用手锤，发生打滑，易导致物体打击。

控制措施：使用手锤时，严禁戴手套。

（三）检查效果

风险1：未对管线进行试压直接生产，易导致油气泄漏及环境污染。

控制措施：恢复生产时先进行试压，检查确认无渗漏。

风险2：现场污油未及时回收，易导致环境污染。

控制措施：将污油倾倒至指定地点。

第十一节　更换柱塞泵皮带操作

一、概述

皮带是柱塞泵传动的主要部件，主要是通过连接电动机与柱塞泵，将电动机的能量传给柱塞泵，完成输送流量及打压的目的。由于柱塞泵长期运行，且皮带主要是靠摩擦力完成工作的，所以柱塞泵在运行一段时间后，会造成皮带磨损断裂及打滑，为保证柱塞泵安全运行，就需要对柱塞泵皮带进行更换。该项操作在作业中存在较大风险，主要风险有：人员触电、电弧灼伤、物体打击、人员伤害、手指夹伤。

二、操作步骤

（一）准备

（1）F形扳手1把、300mm和375mm活动扳手各1把、600mm管钳1把、150mm一字螺丝刀1把、黄油1盒、钢丝刷1把、5m线绳1根、新皮带1条、撬杠2把、棉纱若干。

（2）穿戴好劳保用品。

（二）停泵

（1）通知相关岗位。

（2）缓慢开高压回流阀门，关干线注水阀门。

（3）按停止按钮，停泵。

（4）按照喂水泵操作程序停喂水泵。

（5）关柱塞泵进、出口阀门，关水罐出口阀门，关高压回流阀门。

（6）放空，断电，挂停运牌。

（三）拆防护罩

拆掉皮带防护罩。

（四）更换皮带

（1）卸掉前面两条顶丝，卸松固定螺栓。

（2）用撬杠向前移动电动机，取下旧皮带。

（3）装上新皮带，安装顶丝，调整皮带松紧度（压下 1~2 指为宜）及四点一线。

（4）紧固电动机固定螺栓，电动机地脚不能有悬空现象，保持水平状态。

（五）安装防护罩

安装皮带防护罩。

（六）结束操作

（1）清理现场，收拾工具、用具。

（2）填写设备运转记录。

三、风险与防控措施

更换柱塞泵皮带操作

（一）停机

风险 1：停泵操作时，接触配电柜前未验电，未戴绝缘手套，易导致人员触电。

控制措施：停泵前，必须使用验电笔对配电柜进行检测，并佩戴绝缘手套进行操作。

风险 2：断电时未侧身，易导致电弧灼伤。

控制措施：断电时，严禁身体的任何部位正对配电柜。

风险 3：停泵后未切断电源，泵意外启动，易导致机械伤害。

控制措施：停泵后必须切断电源。

（二）拆卸皮带防护罩

风险 1：拆卸皮带轮护罩过程中操作人员配合不当，护罩滑落，易导致物体打击（安装皮带轮护罩存在相同的风险）。

控制措施：拆卸皮带轮护罩过程中应平稳操作。

风险 2：活动扳手开口调节过大、反打、用力过猛，扳手发生打滑，易导致物体打击。

控制措施：活动扳手使用时应根据螺栓大小调节开口，使固定端受力，平稳用力。

（三）更换皮带

风险 1：移动电动机时撬杠打滑，易导致人员伤害及物体打击。

控制措施：移动电动机时使用撬杠用力要平稳，操作人员身体应避开撬杠端头。

风险 2：拆卸皮带过程中戴手套，易导致机械伤害（安装皮带时存在相同的风险）。

控制措施：拆卸皮带过程中严禁戴手套操作。

风险 3：用顶丝调整皮带松紧度过程中，活动扳手开口调节过大、反打、用力过猛，扳手发生打滑，易导致物体打击。

控制措施：活动扳手使用时应根据螺栓大小调节开口，使固定端受力，平稳用力。

（四）安装皮带防护罩

风险：安装皮带轮护罩过程中操作人员配合不当，护罩滑动，易导致机械伤害。

控制措施：安装皮带轮护罩过程中应平稳操作。

第十二节　输油泵排量控制调节操作

一、概述

泵类机械所输送的是液态介质，存在一个吸入侧和排出侧之间液位差所造成的固定管路阻抗分量，即实际扬程。根据离心泵的特性，其调节主要是调节排量，而离心泵调节排量的方法有两种，一种是通过控制离心泵出口阀门的开度进行调节，另一种是通过变频装置改变离心泵电动机转速（变频控制）进行调节，前者虽然调节方便，但能源浪费严重。通过变频器改变输油泵电动机转速，来实现输油泵的工况调节，是满足工艺条件下运行的可行性技术途径。该项操作在作业中存在较大风险，主要风险有：机械伤害、人员触电、电弧灼伤。

二、操作步骤

（一）准备

（1）输油泵变频控制柜 1 套、试电笔 1 支、绝缘手套 1 副、棉纱若干。

（2）穿戴好劳保用品。

（二）启泵前检查

（1）检查多级离心泵及电动机地脚螺栓并紧固，检查电动机接地完好。

（2）检查泵进/出口阀（必须双手操作）、排污阀、放空阀、压力表引压阀。

（3）按泵旋转方向盘泵 3 圈以上，检查泵轴转动灵活，无刮卡。

（三）启泵运行

（1）摘下停用牌。

（2）放空并活动出口阀门。

（3）检查变频器电位器归零。

（4）送电，按启动按钮。

（5）调整频率 5~10Hz，缓慢打开泵出口阀。

(6) 根据给定排量调整频率。

(7) 挂上“运行”牌。

(四) 运行检查

(1) 检查泵压力及流量。

(2) 检查电动机频率、电流、电压。

(3) 检查机械密封不渗不漏。

(4) 检查泵及电动机温度。

(五) 停泵

(1) 关闭出口阀门。

(2) 调频率归零。

(3) 按停泵按钮，断电，挂停用牌。

(4) 清理现场，收拾工具、用具。

(六) 填写工作记录

填写设备运转记录。

三、风险与防控措施

(一) 启泵前检查

风险：启泵前，未对泵周围进行检查，如果有障碍物或人员，易导致机械伤害。

控制措施：启泵前，检查确认泵周围无障碍物和人员，然后启泵。

(二) 启泵运行

风险1：启泵操作时，接触配电柜前未验电，未戴绝缘手套，易导致人员触电。

控制措施：启泵前，必须使用验电笔对配电柜进行检测，并佩戴绝缘手套进行操作。

风险2：送电时未侧身，易导致电弧灼伤。

控制措施：送电时，严禁身体的任何部位正对配电柜。

(三) 运行检查

风险1：检查泵运行情况时，接触旋转部位，易导致机械伤害。

控制措施：检查泵运行情况时，严禁接触旋转部位。

风险 2：检查电气设备运行情况时，人体直接接触电气设备，易导致人员触电。

控制措施：检查电气设备运行情况时，严禁人体直接接触电气设备。

（四）停泵

风险 1：停泵操作时，接触配电柜前未验电，未戴绝缘手套，易导致人员触电。

控制措施：停泵前，必须使用验电笔对配电柜进行检测，并佩戴绝缘手套进行操作。

风险 2：断电时未侧身，易导致电弧灼伤。

控制措施：断电时，严禁身体的任何部位正对配电柜。

风险 3：停泵后未切断电源，泵意外启动，易导致机械伤害。

控制措施：停泵后必须切断电源。

参 考 文 献

[1] 中国石油天然气集团公司职业技能指导中心．采油工．北京：石油工业出版社，2014.

[2] 长庆油田分公司培训中心．集输工艺操作技术．北京：石油工业出版社，2018.

[3] 于谷顺．安全生产管理知识．北京：中国大百科全书出版社，2013.

[4] 《生产经营单位安全培训教材》编委会．生产经营单位安全培训教材．北京：气象出版社，2006.

[5] 中国石油天然气集团有限公司人事部．油气管道专业危害因素辨识与风险防控．北京：石油工业出版社，2018.